职业教育农林与食品类专业新形态系列教材

果酒生产技术

主　编　王艳萍　王雪薇

编　者　王艳萍（巴音郭楞职业技术学院）

　　　　王雪薇（巴音郭楞职业技术学院）

　　　　李忠（巴音郭楞职业技术学院）

　　　　孙立（巴音郭楞职业技术学院）

　　　　马慧（巴音郭楞职业技术学院）

　　　　常雪花（巴音郭楞职业技术学院）

　　　　王向未（巴音郭楞职业技术学院）

　　　　亚合甫·木沙（巴音郭楞职业技术学院）

　　　　李昱（巴音郭楞职业技术学院）

　　　　范勇（巴音郭楞蒙古自治州食品药品检验所）

　　　　张瑞（新疆师范大学）

　　　　李学文（新疆农业大学）

机械工业出版社
CHINA MACHINE PRESS

本书以葡萄酒生产职业岗位的需求为导向，融入新的职业教育理念，根据葡萄酒生产和葡萄酒检验内容，设计了果酒工业认知、葡萄酒原料生产、葡萄汁制备、葡萄酒生产中辅料的应用、葡萄酒酵母与葡萄酒酿造机理认知、葡萄酒酿造、葡萄酒后处理、葡萄酒生产副产物的综合利用、葡萄酒再加工、葡萄酒检验、其他果酒生产共11个学习项目，每个项目包括项目导学、项目目标、相关知识和学习评价等模块。其中实践性较强的学习项目以任务的形式展开，全书共设计了14个任务，每个任务又设有任务目标、任务实施模块，并附有相关知识的视频，可作为职业院校食品类、生物技术类专业的教材，也可作为相近专业的教材和教学参考书。

本书配有电子课件，凡使用本书作为教材的教师可登录机械工业出版社教育服务网www.cmpedu.com注册后下载。咨询电话：010-88379534，微信号：jjj88379534，公众号：CMP-DGJN。

图书在版编目（CIP）数据

果酒生产技术 / 王艳萍，王雪薇主编. -- 北京：机械工业出版社，2025.8. -- ISBN 978-7-111-78631-3

Ⅰ . TS262.7

中国国家版本馆CIP数据核字第2025S2Q852号

机械工业出版社（北京市百万庄大街22号　邮政编码100037）

策划编辑：高　伟　周晓伟　　　责任编辑：高　伟　周晓伟　章承林
责任校对：甘慧彤　杨　霞　景　飞　　责任印制：单爱军
保定市中画美凯印刷有限公司印刷
2025年8月第1版第1次印刷
184mm×260mm · 9.5印张 · 210千字
标准书号：ISBN 978-7-111-78631-3
定价：49.80元

电话服务　　　　　　　　　网络服务
客服电话：010-88361066　　机　工　官　网：www.cmpbook.com
　　　　　010-88379833　　机　工　官　博：weibo.com/cmp1952
　　　　　010-68326294　　金　书　网：www.golden-book.com
封底无防伪标均为盗版　机工教育服务网：www.cmpedu.com

前　言

果酒生产技术是食品智能加工技术专业的一门专业核心课程。本书坚持以学生为主体、教师为主导的指导思想，以职业能力培养为主线，注重职业素质的养成；以葡萄酒生产职业岗位的需求为导向，设计教学内容；以工作过程系统化为导向，以葡萄酒生产职业岗位的实际工作内容为载体，按照相关岗位技能要求进行编写。本书将理论与实践相结合，既突出能力目标，又兼顾相关理论知识的学习，注重学生职业目标情感的培养，具有较强的实用性，符合职业院校学生的认知及学习规律，有利于锻炼学生的专业能力和素质能力。

本书涉及果酒工业认知、葡萄酒原料生产、葡萄汁制备、葡萄酒生产中辅料的应用、葡萄酒酵母与葡萄酒酿造机理认知、葡萄酒酿造、葡萄酒后处理、葡萄酒生产副产物的综合利用、葡萄酒再加工、葡萄酒检验、其他果酒生产共11个学习项目，每个项目包括项目导学、项目目标、相关知识、知识拓展、学习评价等模块。部分实践性较强的学习项目以任务的形式展开，全书共设计了14个任务，每个任务又设有任务目标、任务实施模块。在部分学习项目中，配套相关生产工艺流程，以工艺流程图的形式清晰地展现生产过程，有利于学生学习。

本书是由从事食品智能加工技术的专业教师及行业技术人员，结合企业生产实际进行编写的。全书力求理论知识精炼、基本概念准确、工作任务流程清晰，并附有相关知识的视频。本书可作为职业院校食品类、生物技术类专业的教材，也可作为相近专业的教材和教学参考书。

由于编者水平有限，书中难免有不妥之处，敬请专家、老师、广大读者对书中的不妥之处提出宝贵意见，以便我们进一步修订和完善。

编　者

全书视频资源总码

目 录

前言

项目一　果酒工业认知 ...001

项目二　葡萄酒原料生产 ...010

项目三　葡萄汁制备 ...024

　　任务　酿酒葡萄成熟度的测定 ...034

项目四　葡萄酒生产中辅料的应用 ...036

项目五　葡萄酒酵母与葡萄酒酿造机理认知 ...043

　　任务　葡萄酒酵母的发酵性能测定 ...053

项目六　葡萄酒酿造 ...055

　　任务一　干红葡萄酒酿造实验 ...068

　　任务二　干白葡萄酒酿造实验 ...074

项目七　葡萄酒后处理 ...083

项目八　葡萄酒生产副产物的综合利用 ...099

项目九　葡萄酒再加工 ...108

　　任务一　白兰地原酒的蒸馏 ...117

　　任务二　白兰地的勾兑与调配 ...118

项目十　葡萄酒检验 ...120

　　任务一　葡萄酒的感官检测 ...120

　　任务二　葡萄酒酒精度的测定 ...123

　　任务三　葡萄酒中总酸的测定 ...125

　　任务四　葡萄酒中挥发酸的测定 ...126

　　任务五　葡萄酒中游离 SO_2 的测定 ...129

　　任务六　葡萄酒中总 SO_2 的测定 ...130

　　任务七　葡萄酒中还原糖和总糖的测定 ...132

　　任务八　葡萄酒中干浸出物的测定 ...135

项目十一　其他果酒生产 ...137

参考文献 ...148

01 项目一
果酒工业认知

项目导学
- 果酒，就是将含有一定糖分的果实，经过破碎、压榨、发酵等工艺精心酿制并调配而成的各种低度饮料酒。在我国，习惯以原料果实名称来命名果酒，如葡萄酒、苹果酒、梨酒等。而在国外则认为只有葡萄榨汁发酵后的溶液，才能叫作酒（Wine）。葡萄酒在果酒中所占比例最大，属于国际性饮料酒。其他果酒虽然各具特色，但因为其酿造工艺与葡萄酒相似，因此本书重点讲述葡萄酒生产技术。

项目目标
- 知识学习目标：了解葡萄酒的起源与历史、葡萄酒工业在我国的发展现状，以及葡萄酒的定义、特征与分类。
- 技能培养目标：通过学习，能够正确判断不同典型葡萄酒的区别，激发创新意识，延伸葡萄酒创新之路。
- 职业情感目标：养成独立思考和动手操作的习惯，培养小组协调能力和互相学习的精神。

相关知识

一、葡萄酒的生产历史与发展

（一）葡萄酒的起源与生产历史

葡萄原产于欧洲、西亚和北非一带。据考古资料，最早栽培葡萄的地区是小亚细亚里海和黑海之间及其南岸地区。大约在7000年以前，南高加索、中亚细亚、叙利亚、伊拉克等地区也开始了葡萄栽培。波斯（现伊朗）是最早开始种植葡萄并进行葡萄酒酿造的国家。15~16世纪，葡萄栽培和葡萄酒酿造技术传入南非、澳大利亚、新西兰、日本、朝鲜和美洲等地。葡萄酒大发展和规模化生产是近百年的事情，法国和意大利的葡萄酒最负盛名，其次是西班牙、美国、阿根廷等国的产品。

根据国际葡萄与葡萄酒组织（OIV）2024年公布的数据，全球葡萄酒产量集中在意大利、法国、西班牙等地，2024年意大利葡萄酒产量为49.0亿L，较2023年同比增长2.08%；法国葡萄酒产量为44.0亿L，较2023年同比增长2.33%；西班牙葡萄酒产量为34.0亿L，较2023年同比增长6.25%。2020—2024年全球葡萄酒产量分布见表1-1。

表1-1　2020—2024年全球葡萄酒产量分布　　　　　　　　（单位：亿L）

地区	2020年	2021年	2022年	2023年	2024年
意大利	49.1	44.5	50.2	48.0	49.0
法国	46.6	37.6	45.6	43.0	44.0
西班牙	35.0	31.1	33.0	32.0	34.0
美国	22.7	24.1	23.8	24.5	25.0
阿根廷	10.8	12.5	13.2	12.8	13.0
智利	11.9	12.3	12.5	12.7	13.0
澳大利亚	10.6	12.5	12.8	12.0	12.5
新西兰	3.1	3.2	3.3	3.4	3.5
南非	10.4	10.1	10.3	10.0	10.5
中国	8.6	9.0	9.5	10.0	11.0

根据国际葡萄与葡萄酒组织2022年公布的数据。美国是全球最大的葡萄酒消费地，2022年美国葡萄酒消费量为33.5亿L；法国葡萄酒消费量为24.5亿L；近年来，中国葡萄酒消费量也呈现快速增长的趋势。2018—2022年全球葡萄酒消费量分布见表1-2。

表1-2　2018—2022年全球葡萄酒消费量分布　　　　　　　（单位：亿L）

地区	2018年	2019年	2020年	2021年	2022年
美国	32.4	33.0	33.0	33.0	33.5
法国	26.0	24.7	24.7	25	24.5
意大利	22.4	22.8	24.5	22	21.5
德国	20.0	19.8	19.8	20	20.5
英国	12.9	13.0	13.3	12.5	13.0
中国	17.6	10.0	12.4	17.5	18.0
俄罗斯	9.9	10.0	10.3	10.0	9.5
西班牙	10.9	10.3	9.6	10.5	10.0
阿根廷	8.4	8.9	9.4	8.5	8.0

（二）我国葡萄酒工业的发展现状

近代以来我国社会发生了翻天覆地的变化，同样我国葡萄酒市场也发生了巨大的改变。从国产葡萄酒主导市场到进口葡萄酒抢占半壁江山，我国葡萄酒工业经历了萌芽期、摸索期、发展期、黄金期、洗牌期和破局新生期，至今我国的葡萄酒市场似乎仍然充满了许多不确定性。

1. 萌芽期（1892—1948年）：战火中的萌芽

1892年，我国葡萄酒工业的峥嵘岁月就此拉开帷幕。张弼士先生投资300万两白银在山东烟台创办了张裕酿酒公司，我国现代葡萄酒工业自此开始。在此之后，我国先后建立了6家葡萄酒厂，但其中大部分是由外国人建立的。

在这段动荡不安的时期，葡萄酒产品因其价位过高和消费习惯欠缺，国内销量较差，主要为出口。同时，我国也培养了一定的葡萄酒饮用习惯和文化，在一定程度上促进了行业的诞生和发展。

2. 摸索期（1949—1977年）：摸索中发展

新中国成立初期，全国葡萄酒产量不到20万L，当时的国产葡萄酒是"非全汁酒"，酿造原料除了葡萄以外还有水和添加剂等。而当时的进口葡萄酒大多数是旅居我国的外国人消费，难以打开本土消费市场。1974年，行业系统开展研究，梳理葡萄酒工艺流程，进行产区规划和划分。此后，郭其昌先生在沙城酒厂进行葡萄酒工艺的研究，不久酿造出了我国第一瓶干白和干红产品，这就是后来的长城葡萄酒。

在此阶段，葡萄酒行业缓慢发展，没有统一酿造标准，无法与国际接轨。此时的国产葡萄酒基本是出口换取外汇，我国消费者没有形成葡萄酒消费习惯，也没有葡萄酒文化相关的认知。

3. 发展期（1978—2000年）：国产品牌百花齐放，进口品牌崭露头角

1978年我国葡萄酒产量是158.5万L，至2001年产量已达27000万L，葡萄酒厂已经有几百家，包括中法合营王朝葡萄酿酒有限公司（简称王朝）、山西怡园酒庄有限公司、中国通天酒业集团有限公司、威龙葡萄酒股份有限公司等都是在这一阶段建立的。葡萄酒消费量在20世纪90年代也呈现爆发式的增长。改革开放仅几年就给葡萄酒行业带来了翻天覆地的变化，究其原因有两点：一是国产葡萄酒的生产工艺得到了提升；二是消费者的消费习惯发生转变。

（1）品质提升　改革开放对于我国葡萄酒行业的发展影响深远。

1）考察国际市场，建立母产园。改革开放的第2年，国家组织考察团前往法国考察学习，引进了优良的葡萄品种，并且在河北沙城、昌黎，山东烟台，新疆鄯善，宁夏玉泉营等产区规划母产园的建造，这些产区后来不断涌现出高质量的葡萄酒厂及优秀的产品，成为我国现代葡萄酒工业的发展基础。

2）三次优化葡萄酒标准。葡萄酒标准的建立和优化对于葡萄酒品质的提升起到了全面的作用，1984年由轻工业部制定了我国第一个葡萄酒标准，随后在1994年、2006年又分别对葡萄酒标准进行了优化。2004年"非全汁酒"退出了历史的舞台，这在一定程度上代表了国产葡萄酒与国际市场的接轨，同时也表明我国消费者的口味向国际化迈进。

（2）消费习惯转变　有了品质基础，还缺少消费人群。葡萄酒行业是如何实现我国消费者群体扩容的？

1）酒庄兴起。20世纪90年代中期，在外资的带动下我国各产区酒庄建设兴起，富

有特色的酒庄、酒堡建筑对葡萄酒文化的传播起到了极大的作用，这时葡萄酒文化已经逐渐在我国兴起，出现文化引领消费的现象。

2）观念开放。在改革开放的进程中，许多新观念涌入国内，国人的消费习惯逐渐发生转变，"洋玩意"开始流行，葡萄酒被认为是时髦的象征。干红、干白的口感逐渐被大众接受，随着中外交流越来越多，葡萄酒的消费习惯逐渐产生。

这一时期，我国葡萄酒工业发展面临着全新的机遇和挑战；一方面葡萄酒消费观念逐渐深化，国产葡萄酒市场群星璀璨；另一方面，进口葡萄酒品牌逐渐进入我国市场，成为葡萄酒消费的又一选择。这一阶段市场的巨大增长使得整个市场体量迅速膨胀，可见消费者培育的重要性。

4. 黄金期（2001—2011年）：国产葡萄酒的黄金十年

2001年我国加入WTO（世界贸易组织），直至2011年，是国产葡萄酒的稳定增长期，这一阶段我国葡萄酒产量年增长率达到了17%，到2012年葡萄酒产量已达13.8亿L，同时这也是至今我国葡萄酒产量的最高值。2011年，老牌公司烟台张裕葡萄酿酒股份有限公司（简称张裕）葡萄酒营收达到60亿元，利润额达到19亿元，也达到其建厂以来的顶峰。

建厂超百年，企业营收、利润经常占到行业总数的一半以上，张裕可以称作是我国葡萄酒行业的龙头企业。张裕在这一时期进行体制转型、改制，尽享体制改革红利，同时看准大众化发展趋势，积极布局大众消费市场，迎合当时消费者的西方消费导向，在工艺、营销方面向西方看齐，实现了持续增长。

此时的王朝也正风光无限，与张裕、中国长城葡萄酒有限公司（简称长城）并称为"国产葡萄酒三巨头"。当时，作为国宴用酒，王朝主力布局高端市场，巅峰时期在同类市场占据一半以上的市场份额，黄金十年期间发展迅速，至2010年营收达到16亿元。

黄金十年期间，大众消费逐渐成为主流，但王朝依旧在大力发展高端市场，直至中央八项规定出台，形势的判决失误直接冲击王朝走向衰败，并在行业洗牌中失去了优势，为其走向下坡路埋下了伏笔。

探究黄金十年产生的原因，这个阶段葡萄酒的快速增长主要在于消费场景打造和消费人群扩容。2000年以后，我国加入WTO，与外界交流变多，大量国外影视作品涌入国内，其中大量的葡萄酒饮用场景和葡萄酒文化对于我国消费者的吸引力无疑是巨大的。同时，大量外国人进入我国交流、消费，中外文化的交流再一次促发了葡萄酒行业的发展和消费增长。

另外，中外密切交流和经济高速发展，带动了大众消费者的消费潮流。此时，进口葡萄酒和国产葡萄酒也更加注重我国本土消费者的培育，我国庞大的消费者群体逐步成为我国葡萄酒行业发展的基石。与此同时，名酒市场不断升温，进口名酒进入升值快车道，在这种带动下，高端葡萄酒带动整个葡萄酒行业快速升温。

头部消费引领了我国消费者的消费浪潮，名酒榜样加速了葡萄酒行业在这一时期的扩张。

5. 洗牌期（2012—2018年）：进口葡萄酒冲击下的巨变

这一阶段我国葡萄酒产销下滑严重，2012年中央八项规定出台，而葡萄酒进口量依然持续增长至2018年，中美经贸摩擦后才出现下滑。我们从宏观角度来看有以下2个方面的原因。

1）国产酒品质问题暴发。在消费升级的趋势下，消费者的品质意识加强。而一些国产葡萄酒品质较差、价值感不足问题凸显。另外，假酒、添加剂问题带来消费者信任危机。同时市场主流产品都是模仿畅销产品的葡萄品种和酿造方式，长时间没有进行产品创新。

2）进口葡萄酒具有税收优势。目前，主要葡萄酒生产国税收大多是按照农业税标准收取，而我国以工业税标准收取，税收相对比较高。此外，关税政策调整进一步促进进口葡萄酒进入我国市场。2005年，葡萄酒关税已降至14%，2012年对智利、2015年对新西兰分别实行葡萄酒零关税，对澳大利亚关税也逐年降低，大量进口葡萄酒产品进入我国市场，国产葡萄酒逐步失去价格优势。同时这期间有大量低端进口葡萄酒、定牌生产（OEM）酒涌入，冲击我国葡萄酒市场。

6. 破局新生期（2019年至今）：创新和升级迎来新机遇

2019年以来，我国葡萄酒工业在挑战中不断调整和升级。虽然进口葡萄酒的强势竞争对国产葡萄酒造成了不小的压力，但是国内葡萄酒产量依然逐年上升，并通过品质提升、品牌建设和渠道创新，逐步赢得市场和消费者的认可。随着电商平台和新零售模式的发展，葡萄酒线上销售快速增长。直播电商推广，成为葡萄酒新的销售增长点。

我国葡萄酒企业还通过并购海外酒庄（如张裕收购智利和法国酒庄），提升国际竞争力。国产葡萄酒逐步走进国际市场，尤其是在"一带一路"沿线国家的出口量有所增加。国产葡萄酒也在通过技术创新和工业改进，进一步提升品质和竞争力。各大葡萄酒企业加强品牌营销和文化传播，逐步打造具有国际影响力的中国葡萄酒品牌。政府也持续出台政策支持葡萄酒产业发展，推动产区特色化和国际化。

纵观我国葡萄酒工业的发展，消费者对于品质的要求更加严格，同时在时代大背景下，越来越多的消费者选择支持国货。在长达百年的葡萄酒发展中，事实证明品质是发展的基础，消费群体是发展的基石，品质提升和消费者培育是永恒的主题。同时，我国葡萄酒企业应抓住消费升级、支持国货的机遇，推进高端化转型和营销升级，挖掘民族文化对葡萄酒进行赋能，酿造出更适合我国消费者饮用的葡萄酒，从而构建中国葡萄酒话语体系，增强消费者对我国葡萄酒的信心，推动葡萄酒工业蓬勃发展。

二、葡萄酒的定义、特征与分类

（一）葡萄酒的定义

国际葡萄与葡萄酒组织规定，葡萄酒只能是破碎或未破碎的新鲜葡萄果实或葡萄汁经完全或部分酒精（乙醇）发酵后获得的饮料，其酒精度不能低于8.5%vol。但是，由于气候、土壤、葡萄品种和一些葡萄酒产区特殊的质量因素或传统,在一些特定的地区,葡萄酒最低酒精度可降低到 7.0%vol。

葡萄酒是用鲜葡萄酿制成的发酵酒,除含有一定量的酒精外,还含有其他醇类、糖类、酯类、矿物质、有机酸、20 多种氨基酸及多种维生素等成分。适量饮用葡萄酒,除了起到助兴作用以外,还能明显降低心脏病死亡率。葡萄酒饮用方法各异,既可作为佐餐酒,也可作为餐后酒或餐前酒。

(二)葡萄酒的特征与分类

葡萄酒的品种很多,因葡萄的栽培、葡萄酒生产工艺条件的不同,产品风格各不相同。一般按含糖量多少、是否含 CO_2、酒的颜色及采用的酿造方法等来分类,国外也有以产地、原料名称来分类的。

1. 按酒中含糖量分类

1)干葡萄酒。含糖量(以葡萄糖计)小于或等于 4.0g/L。

2)半干葡萄酒。含糖量大于 4.0g/L,小于或等于 12.0g/L。

3)半甜葡萄酒。含糖量大于 12.0g/L,小于或等于 45.0g/L。

4)甜葡萄酒。含糖量大于 45.0g/L。

2. 按酒中 CO_2 含量分类

1)平静葡萄酒。不含有自身发酵或人工添加 CO_2 的葡萄酒。

2)起泡葡萄酒。所含 CO_2 是用葡萄酒加糖再发酵产生的。在法国香槟地区生产的起泡葡萄酒称为香槟酒,其他地区生产的同类型产品称为起泡酒。

3)汽酒。用人工的方法将 CO_2 添加到葡萄酒中的酒称为汽酒。

3. 按酒的颜色分类

1)红葡萄酒。采用皮红肉白或皮肉皆红的葡萄经葡萄皮和汁混合发酵而成。酒色呈自然深宝石红色、宝石红色、紫红色或石榴红色。黄褐色、棕褐色或土褐色,均不符合红葡萄酒的色泽要求。

2)白葡萄酒。采用白葡萄或皮红肉白的葡萄分离发酵制成。酒的颜色微黄带绿色、近似无色或浅黄色、禾秆黄色、金黄色。深黄色、土黄色、棕黄色或褐黄色等,均不符合白葡萄酒的色泽要求。

3)桃红葡萄酒。采用带色的红葡萄带皮发酵或分离发酵制成。酒色为浅红色、桃红色、橘红色或玫瑰色。色泽过深或过浅均不符合桃红葡萄酒的要求。这一类葡萄酒在风味上具有新鲜感和明显的果香,单宁含量不宜太高。

4. 按酿造方法分类

1)天然葡萄酒。完全采用葡萄原料进行发酵,发酵过程中不添加糖和酒精,选用提高原料含糖量的方法来提高成品酒精含量及控制残余糖量。

2)加强葡萄酒。发酵成原酒后用添加白兰地或脱臭酒精的方法来提高酒精含量,称为加强干葡萄酒。既添加白兰地或酒精，又加糖以提高酒精含量和含糖量的称为加强甜葡萄酒，我国称其为浓甜葡萄酒。

3）加香葡萄酒。用葡萄原酒浸泡芳香植物，再经调配制成，属于开胃型葡萄酒，如味美思（Vermouth）、丁香葡萄酒、桂花陈酒；或采用葡萄原酒浸泡药材，精心调配而成，属于滋补型葡萄酒，如人参葡萄酒。

4）葡萄蒸馏酒。采用优良品种葡萄原酒蒸馏，或发酵后经压榨的葡萄皮渣蒸馏，或由葡萄浆经果汁分离机分离得的皮渣加糖水发酵后蒸馏而得。一般再经细心调配的称为白兰地，不经调配的称为葡萄烧酒。

5. 特种葡萄酒

1）利口葡萄酒。指在酒精度为 12.0%vol 以上葡萄酒的酿制过程中，加入白兰地、食用酒精或葡萄酒精，以及葡萄汁、浓缩葡萄汁、含焦糖葡萄汁、白砂糖等物质，使得其最终产品酒精度为 15.0%vol~22.0%vol 的葡萄酒。

2）葡萄汽酒。指物理特性与起泡葡萄酒类似，但是酒中所含的 CO_2 为部分或者全部人工添加的葡萄酒。

3）冰葡萄酒。推迟采收葡萄，当自然条件下气温低于 −7℃时使葡萄在树枝上保持一定时间，在其结冰后采收，并在结冰状态下压榨，发酵酿制而成的葡萄酒（在生产过程中不允许外加糖源）称为冰葡萄酒。

4）贵腐葡萄酒。贵腐葡萄酒其实是用感染了一种叫作贵腐菌的葡萄酿成的甜型白葡萄酒。感染了贵腐菌的白葡萄会脱水，因此甜度会变高，酿制的葡萄酒甜度也很高。贵腐葡萄酒的酒体轻盈，口感甜蜜，适合作为甜点酒饮用。

5）产膜葡萄酒。是指葡萄酒经过全部酒精发酵，在酒的自由表面产生一层典型的酵母膜后，加入白兰地、葡萄酒精或食用酒精，最终产品酒精度大于或等于 15.0%vol 的葡萄酒。西班牙的雪莉酒（Sherry）是典型的产膜葡萄酒。

6）加香葡萄酒。是指以葡萄酒为酒基，经浸泡芳香植物或者加入芳香植物的浸出液（或者馏出液）而制成的葡萄酒。

7）低醇葡萄酒。是指用新鲜葡萄或葡萄汁发酵，并采用特种工艺加工而成的、酒精度为 1.0%vol~7.0%vol 的葡萄酒。

8）脱醇葡萄酒。葡萄酒在酿造过程中，通过特殊工艺将酒精分离出来，严格意义上讲是指酒精含量较低的葡萄酒，一般酒精度不超过 0.5%vol。但它不同于普通葡萄汁，葡萄汁是压榨出来的，而脱醇葡萄酒是按照葡萄酒生产工艺酿造出来的。

9）山葡萄酒。以野生或人工栽培的东北山葡萄、江西刺葡萄、秋葡萄及其杂交品种等为原料，经发酵酿制而成的饮料酒。

10）年份葡萄酒。所标注的年份是指葡萄采摘的年份，其中年份葡萄酒所占比例不低于酒含量的 80%（体积分数）。

11）品种葡萄酒。所标注的葡萄品种酿制的葡萄酒所占比例不低于酒含量的 75%（体积分数)。

12) 产地葡萄酒。所标注的产地葡萄酿制的葡萄酒所占比例不低于酒含量的 80%(体积分数)。

三、新疆巴州地区的葡萄酒产业

新疆巴音郭楞蒙古自治州(简称巴州)境内的焉耆盆地依托得天独厚的地理、气候条件和水土光热资源,1998 年以乡都酒业创立、开始种植酿酒葡萄为标志,起步发展葡萄酒产业。历经 20 多年的发展,目前已成为新疆四大葡萄酒产区之一,葡萄酒产业也成为本地扩大开放、调整结构、转型发展、促农增收的重要产业。目前,焉耆盆地产区酿酒葡萄种植面积为 12 万亩(1 亩 ≈ 666.67m^2),占全疆酿酒葡萄总面积(33 万亩)的 36.3%。在 2019 年中国国际酒业博览会上,焉耆盆地被农业农村部评定为"全国有机农业(酿酒葡萄)示范基地"。

(1)产业集群逐步成型 焉耆盆地产区现有酒庄 40 家,占全疆(134 家)的近 30%,设计加工能力近 8 万 t,2021 年酿酒葡萄产量达 1.5 万 t,生产葡萄酒(原汁)0.76 万 t。

(2)品牌影响力持续提升 产区主要定位中高端市场,主打精品葡萄酒和酒庄酒。目前,已培育形成乡都、天塞、芳香、中菲、轩言、佰年、瑞峰等一批具有一定市场认知度和影响力的葡萄酒品牌。全国 35 家通过"中国葡萄酒酒庄酒"商标审核的企业中新疆有 10 家,其中巴州占 7 家,充分体现出焉耆盆地葡萄酒产区产品高端化和个性化发展的特征。

知识拓展

2021 年,新疆维吾尔自治区出台的"十四五"发展规划中,将葡萄酒列为重点发展的十大产业之一,相继印发了《新疆维吾尔自治区葡萄酒产业"十四五"发展规划》和《关于加快推进葡萄酒产业发展的指导意见》,并成立专项小组推进落实相关工作,旨在将新疆打造成为丝绸之路经济带上优质高端葡萄酒的核心产区,并提出了新疆葡萄酒"4+2"产业发展格局。

学习评价

学习评价单

序号	评价内容及分值	评价标准	学生自评 10%	小组互评 10%	教师评价 60%	企业评价 20%
1	学习方法 10 分	课前完成必备知识的自学;课中认真观察思考,并主动操作实践;课后归纳反思				

（续）

序号	评价内容及分值	评价标准	学生自评 10%	小组互评 10%	教师评价 60%	企业评价 20%
2	学习态度 20分	工作态度端正，具有吃苦耐劳、诚实守信、认真负责的品质，对知识和技能能够认真学习、钻研				
3	沟通表达 10分	能够及时与同组成员及指导教师、技术人员沟通交流				
4	合作能力 10分	团队协作意识强				
5	创新实践 10分	能够结合酒体实际情况评定葡萄酒情况				
6	职业能力 10分	了解葡萄酒生产历史，根据葡萄酒国内外发展现状对葡萄酒未来发展趋势进行分析				
7	学习成果 30分	能够根据不同葡萄酒的特征，准确地对葡萄酒进行分类				
	合计					

项目二 葡萄酒原料生产

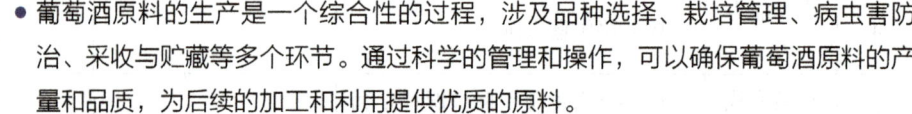

项目导学 ● 葡萄酒原料的生产是一个综合性的过程，涉及品种选择、栽培管理、病虫害防治、采收与贮藏等多个环节。通过科学的管理和操作，可以确保葡萄酒原料的产量和品质，为后续的加工和利用提供优质的原料。

项目目标
- 知识学习目标：了解酿酒葡萄品种的选择依据及各品种的生物学特性，掌握葡萄栽培管理方法、葡萄品质及其所含的有效成分含量。
- 技能培养目标：能够根据不同地区物候选择合适的栽培品种；可以对葡萄栽培中出现的问题进行处理。
- 职业情感目标：激发对不同葡萄栽培的兴趣，培养责任心、敬业精神、创新意识和探索精神。

◎ 相关知识

一、酿造用葡萄品种的选择

（一）葡萄品种的选择依据

全世界的葡萄品种约有 5000 种，我国现有葡萄品种约 1000 种。葡萄品种的选择影响着所酿造葡萄酒的产量、品质和类型。另外，气候、土壤及栽培技术等条件，也影响葡萄品种特性的表达。英国著名的葡萄酒作家杰西斯·罗宾逊在《葡萄树、葡萄与葡萄酒》（*Vines, Grapes and Wines*）一书中指出：葡萄酒的香味及特性有 90% 是由其品种决定的。由此可见，葡萄品种绝对是葡萄酒的灵魂。所以说葡萄品种的选择是一个葡萄酒产区，或者一个葡萄酒生产企业首要考虑的问题。

1. 依据葡萄品种自身的特性

葡萄品种自身的特性包括品种的成熟期、感官特性、结果能力、抗逆性、酿酒特性等方面。不同葡萄品种具有其特定的生长与发育习性，但是其生长季的热量资源及水分供应条件又会影响这些习性，尤其是其成熟期会显著受环境条件的影响。

2. 依据葡萄品种对现场条件的适应性

尽管葡萄品种的特性是由基因控制的，但是，当地气候条件及栽培与酿造技术也会影响这些特性的表现，所以选择葡萄品种应使其特性与当地气候条件相适应。有些葡萄品种特性与特定产区气候相关，如霞多丽（Chardonnay）在冷凉产区和干热产区的风味特色差异较大。所谓的风土特色，或者说特产产品，品种也是形成其风格特色的要素。如果期望生产具有地域特色的产品，必须选择能够很好表现这种地域特色的品种。例如，法国波尔多地区不能种植霞多丽，夏布利地区不能种植长相思（Sauvignon Blanc）。

3. 依据当地的栽培技术条件

技术影响主要表现在砧木的选择和栽培管理方式上。例如，做好短梢修剪，可以刺激一些低产品种提高产量；做好植保措施，可以使葡萄生长正常，确保品种特性呈现。酿酒葡萄砧木需要具有以下特性：抗土壤病虫害，如抗根瘤蚜、线虫；与土壤的理化性状相适应，如土壤肥力、土壤酸碱性、土壤盐分；与接穗亲和力好。

土壤条件、气候条件、栽培技术、整形修剪及果实的负载量等因素都是外部因素。决定葡萄质量的内因是葡萄的品种，葡萄品种的遗传性决定了它的潜在质量。在同样的栽培条件下，不同的葡萄品种具有不同的色、香、味，即含有不同量的糖、酸、芳香物质、酚类物质及其他物质。这些成分决定了所酿成的葡萄酒的酒精度、酸度、芳香性及优雅性。

根据生态条件及品种特性，各地在进行酿酒试验的基础上，在同样条件下应选植著名品种。根据国际葡萄酒发展实践，酿酒葡萄品种应以优先选择欧亚品种为宜。

（二）酿造红葡萄酒的优良品种

1. 高高在上的国王——赤霞珠（Cabernet Sauvignon）

赤霞珠是世界上最著名的红葡萄品种，在其起源地波尔多，赤霞珠总是与其他葡萄品种一起混酿。目前，赤霞珠在法国的其他葡萄酒产区及新、旧世界（具有悠久葡萄酒酿造历史的欧洲国家被称为葡萄酒的旧世界，欧洲殖民者扩张之后开始生产葡萄酒的国家称为葡萄酒的新世界）的众多产区均有种植。在这些地区，它总是与当地传统的葡萄品种混酿，同时它也经常被用来酿制正宗的单一品种葡萄酒。赤霞珠最独特的地方是它能酿制出极具风格特征的葡萄酒。

赤霞珠葡萄酒最显著的特点是具有明显的结构感，能忠实地反映出各年份的特点、酿酒和熟成技术，特别是当地的风土特色。通常，用赤霞珠酿制的葡萄酒颜色深浓、单宁充沛、酸度高且极具陈酿潜力。年轻时会散发出馥郁的黑醋栗、黑樱桃等黑色水果风味，未完全成熟时可能会带有青椒与薄荷一类的草本植物气息，经橡木桶熟化后还会发展出烟熏、咖啡和雪松等风味。

2. 美丽优雅的淑女——梅洛（Merlot）

梅洛在全世界得到普及，全球各地的葡萄酒产区都可以见到它优美的风姿。近年来，该品种的受欢迎程度再次上升，这可能更多是从美国梅洛葡萄酒消费量中得出的结论。实际上，在美国，梅洛的总种植面积远远落后于赤霞珠。但在波尔多及整个法国，梅洛毫无疑问是种植面积最广泛的红葡萄品种。"柔顺"是梅洛最突出的特点。如果有一种葡萄酒能够让美国的酿酒师们更关注其质感而非风味，那么这种酒一定非梅洛葡萄酒莫属。

其酿成的葡萄酒有两种常见的风格，炎热地区出产的酒款走的是国际路线，带有明显的黑莓和黑李等黑色水果风味；凉爽气候下的梅洛葡萄酒则更为优雅，表现出更多的红色水果及草本植物风味。纵使风格有异，不变的是梅洛葡萄酒圆润柔顺的口感。与赤霞珠葡萄酒相比，其单宁更为柔和，酸度也没有那么突出，这种平易近人的风格让它成为名副其实的"大众情人"。在波尔多右岸，梅洛常作为主导品种出现在混酿酒款中。

3. 彬彬有礼的绅士——品丽珠（Cabernet Franc）

品丽珠原产自波尔多，是当地最古老的葡萄品种之一，赤霞珠是其杂交品种。相比赤霞珠，品丽珠更为早熟，耐寒性更强，产自法国圣埃美隆石灰岩土壤上的品丽珠品质极佳。品丽珠是一种优质的法国红葡萄品种，常和赤霞珠一起混酿出兼具复杂度和优雅感的优质佳酿。通常来说，品丽珠葡萄酒的酒体介于轻盈与适中之间，它香气明显，散发着清新的覆盆子和紫罗兰的香气，果味比赤霞珠更直接，有时也会带有一些草本植物的香气。这种香气在未成熟的赤霞珠酿制的葡萄酒中也很明显。

与赤霞珠葡萄酒相比，品丽珠葡萄酒的酒液颜色较浅，单宁含量较低，成熟时间更早。而与梅洛相比，品丽珠口感更为轻盈，可为以梅洛为主的葡萄酒增添陈酿潜力及精细感。品丽珠常被用来酿造单一品种红葡萄酒，品质较好的品丽珠红葡萄酒会带有红椒、覆盆子酱、酸樱桃和湿砾石的风味。

4. 充满神秘气息的舞者——西拉（Syrah）

西拉的原产地是法国北罗讷河谷（Northern Rhone Valley），当地的西拉葡萄酒以其令人惊异的复杂度和层层紧致的香料风味享誉全球。在澳大利亚，西拉更名为"设拉子（Shiraz）"，并逐渐成为澳大利亚最具代表性的红葡萄品种，这里的西拉可以酿制出不同风格的葡萄酒，但整体而言酒液颜色深浓，入口饱满有力，果味十分浓郁，以黑色水果风味为主，同时还会有胡椒和甘草的味道。另外，除了法国和澳大利亚，美国、西班牙、南非及阿根廷等多个国家也出产风格各异的西拉葡萄酒。

西拉是一个生命力旺盛的葡萄品种，果实小，而且在成熟后会很快萎缩，成熟期短，春季要防大风天气，易得萎黄病，在收获季节要防螨类虫害和灰霉病。此外，还有一种"西拉病"，是指在葡萄叶片变红时，嫁接处出现肿胀和裂痕最终导致葡萄植株死亡。由西拉酿造的葡萄酒单宁柔和，带有皮革、甘草和黑胡椒的风味，如果果实过熟，酿造的酒款会有黑巧克力、梅干和烤橡胶的味道。

5. 有阳光气息的运动少年——佳美娜（Carmenere）

佳美娜是一种历史十分悠久的葡萄品种，原产于法国吉伦特省（Gironde）。在18世纪早期，该品种曾被广泛种植在梅多克（Medoc）的葡萄园里，与品丽珠都是当地广泛种植的品种，两者还经常被混淆。佳美娜主要与赤霞珠、品丽珠一同混酿，去皮可酿制白葡萄酒或桃红葡萄酒。

佳美娜生命力极为旺盛，可在贫瘠的土壤，如沙土中生长。其果实颗粒很小，呈深蓝色。由于容易坐果不良，且根部易受感染，所以佳美娜的产量很低。用佳美娜酿制的葡萄酒颜色深浓、酒体饱满、品质极佳。

6. 娇弱美丽的女神——黑皮诺（Pinot Noir）

黑皮诺是一个需要葡萄种植者和酿酒师精心栽培和酿制的葡萄品种。一杯法国勃艮第地区品质较佳的黑皮诺红葡萄酒，能给人带来一种无与伦比的感官享受。正因为如此，世界各地的葡萄酒生产者们一直都对这一葡萄品种钟爱有加。尽管该品种在除勃艮第以外的地区表现得并不稳定，但目前除了极其炎热的地方以外，它几乎在世界各产酒区均有种植。

通常黑皮诺酒液的颜色较浅，呈浅宝石红色，气味是不浓不淡的果香与花香，常闻到的是草樱、草莓、梅子、黑醋栗、香料、玫瑰花或其他花香。其酿造的葡萄酒年轻时主要以樱桃、草莓、覆盆子等红色水果香气为主；陈酿后，又会出现甘草和煮熟的甜菜头的风味；陈酿若干年后，带有隐约的动物和松露香气，还有甘草等香辛料的香气。黑皮诺通常用来酿造干红葡萄酒和起泡酒，它是香槟产区用来酿造起泡酒的指定品种之一。

7. 来自东方的美人——蛇龙珠（Cabernet Gernischt）

蛇龙珠在我国是一种十分著名的红葡萄品种，种植历史可追溯至19世纪。我国的蛇龙珠带有草本的气息，令人想到品丽珠；其质地又与赤霞珠有些相似。据统计，2009年，蛇龙珠在我国的种植面积约为1218hm^2，主要分布于胶东、东北南部、华北和西北地区，其中又以烟台和宁夏最为出名。2016年，"世界蛇龙珠日"成立，我国有了第一个酿酒葡萄节。国际葡萄与葡萄酒组织总干事让·马里·奥德兰如此评价："蛇龙珠是一个堪称完美的葡萄品种，也是有中国特色的葡萄品种"。

蛇龙珠既可以用于混酿，又可以酿造单一品种葡萄酒。酒款一般展示出红色浆果风味，伴有黑醋栗、覆盆子、胡椒和蘑菇的香气，还带有橡木香气。

（三）酿造白葡萄酒的优良品种

1. 百变女王——霞多丽（Chardonnay）

作为世界上最多面、最能展现风土多样性的品种之一，霞多丽毫无疑问可以被冠以"百变女王"的称号。它虽由皮诺（Pinot）家族和白高维斯（Gouais Blanc）杂交而成，但却不似黑皮诺娇贵，反而凭着极强的适应性成为全球种植最广的三大白葡萄品种之一。据国际葡萄与葡萄酒组织统计，霞多丽的全球种植面积在2015年达到210000hm^2，遍布在法国、意大利、西班牙、美国、澳大利亚和智利等41个国家和地区，而公认的最佳种植地当属法国勃艮第。

霞多丽自身香气非常淡雅，可以很好地表现不同产区的风土特征。在气候凉爽的产区，霞多丽葡萄酒散发着苹果和梨等绿色水果及柑橘类水果的香气，偶尔伴有黄瓜的香气；在气候温和的产区，如勃艮第大部分区域及部分优质新世界产区，霞多丽葡萄酒往往散发着桃、柑橘类水果和香瓜的香气；大多数新世界产区的气候比较炎热干燥，出产的霞多丽葡萄酒则带有更为浓郁的热带水果香气，如桃和凤梨，甚至会呈现出芒果和无花果的香气。此外，不同的酿酒工艺也会赋予霞多丽葡萄酒多种别样的风味。苹果酸-乳酸发酵（MLF）会给霞多丽葡萄酒带来黄油风味，酒泥陈酿可为霞多丽葡萄酒增添奶油般的质地和咸鲜味，而经过橡木桶处理的霞多丽葡萄酒则会呈现出烤面包、香草和椰子的香气。

2. 三好学生——雷司令（Riesling）

雷司令是德国最古老的葡萄品种之一，是世界上最优秀的白葡萄品种之一，它高酸、精致感、复杂度、风格多样性、陈酿潜力及对风土的表现力无一不备。该芳香型白葡萄品种通常不经过橡木桶陈酿，且不与其他品种混酿，但却可以酿造出从清新花香到矿物质突出的各式酒款。

雷司令香气浓郁，根据酿酒风格的不同，雷司令的采收时间和成熟度也会不同。典型的雷司令干白葡萄酒矿物质特质十分明显，且带有柠檬、酸橙、蜜瓜和凤梨等丰富的水果风味。由于酸度很高，优质的雷司令白葡萄酒可以陈酿数十年，这也是其他大多数白葡萄酒无法与之媲美的一大特点。

3. 豆蔻少女——长相思 (Sauvignon Blanc)

长相思是白葡萄酒界的宠儿，也是十大种植最广的葡萄品种之一。2015年，长相思在全球的种植面积达 123000hm^2，在白葡萄品种中仅次于霞多丽。就国家而言，长相思在新西兰种植最广，面积达 20500hm^2。作为芳香型的白葡萄品种，长相思的香气与红葡萄品种赤霞珠有几分相似，都有类似于草本植物的香气。1997年，DNA 检测证实品丽珠和长相思是赤霞珠的杂交亲本。

长相思最显著的特征是其十足的酸度，其次是其易于辨认的浓郁香气。长相思属芳香型白葡萄品种，其果皮呈绿色，果实较小且果穗紧凑。由于具有早熟的特征，所以凉爽气候下生长的长相思最能展现出本身的特色。它们往往会带有浓郁、复杂的绿色草本香气，如青草、芦笋、青苹果和接骨木花等。

4. 百变精灵——白皮诺 (Pinot Blanc)

白皮诺由黑皮诺变异而来，是一个可塑性强的葡萄品种，既可以酿造平静葡萄酒，也可以酿制阿尔萨斯起泡酒（Cremant d'Alsace），甚至还可用来酿制甜酒。白皮诺香气淡雅，酿成的葡萄酒酸度适中，酒体中等至饱满，会因产区和酿酒工艺的差异而展现出不同风格，与霞多丽有几分相似之处。而与黑皮诺和灰皮诺相比，用白皮诺酿成的葡萄酒口感更加圆润，酸度较低。

二、葡萄的栽培与管理

（一）栽植时期

葡萄苗木从落叶以后一直到第 2 年春季萌芽以前，只要气温和土壤状况适宜都可进行栽植。我国南北方气候差异很大，北方冬季寒冷，多采用春栽，栽植时间约为 4 月中旬，而我国中部和南部地区则多采用秋栽。秋栽一般在 10 月进行，而春栽在土壤解冻后进行，从栽后生长情况来看，冬季气温稍暖的地区以秋栽最为适宜。秋季栽植成活率高，根系当年即可恢复生长，第 2 年开春，幼苗即可转入迅速生长，有利于早成形、早结果、早丰产。秋栽宜早不宜迟，有条件的地方 10 月上旬即可栽植。

（二）栽植行向

平地以南北行向为宜，因为南北行向比东西行向受光较为均匀，东西行向的北面全天一直受不到直射光照射，而南面则全天受到太阳直射光的照射，两侧叶片生长不一致，果实质量也不均匀。山区丘陵修筑梯田，则按照等高线设置行向。

（三）栽植密度

我国各地葡萄栽植架式多以篱架和棚架为主，由于架式不同，栽植密度也有很大差异。

目前生产上常用的株行距，篱架株距一般为 1~2m，行距为 2~3m；小棚架株距为 1~2m，行距为 4~6m。在温暖多雨、肥水条件好的地区，为了改善光照条件，株行距可大一些；而气候冷凉、干旱、肥水条件较差的地区，株行距可小一些。长势强的品种，行距可大一些；长势弱的品种，株距可小一些。近年来，为了提高葡萄园早期产量，有些地方采用密植方式，株距为 1~1.5m，行距为 2~2.5m，收到了早丰产的良好效果。密植是提高葡萄早期产量的重要措施，但密植时一定要注意选用适当的架式和抗病品种，同时要加强植株及肥水管理，及时防治病虫害。根据多年观察，葡萄篱架栽植时，适宜的行距为 2.5m，株距为 1~1.5m；棚架栽植时，行距为 4~5.5m，株距为 1~1.5m。尽量采用行距加大、株距加密的栽植方式。

（四）栽植沟的准备

为了促进葡萄早结果、早丰产，要大力提倡沟栽。沟栽前要先挖好栽植沟。一般篱架栽植时可按行距南北向挖沟，埋水泥架杆的地方可空开约 1m 的地方不挖，棚架栽植时宜东西向挖沟。栽植沟要提早挖，使沟内土壤充分风化、熟化。一般沟宽、沟深均为 80~100cm，最少也应保持在 70cm 左右。在土壤黏重的地区或在山坡石板土上建园，应适当加大栽植沟的宽度和深度。栽植沟挖好后使土壤充分风化，并在底层填入切碎的玉米秸秆，然后再将腐熟的有机肥和表土混匀填入沟内，或采用一层肥料一层土的方法填土。填土要高出原来的地面，以防栽植后灌水使土面下沉。

在土壤较为疏松的地区可采用坑栽，定植坑的深度应为 60cm 左右，同样填入玉米秸秆和有机肥。

（五）栽植技术

1. 苗木修剪与消毒

一年生苗通常留 2~4 个饱满芽，以保持与地下部根系的平衡，从而提高苗木栽植后的成活率。修剪根系时应尽量保持苗木根系的完整性。对损伤的骨干根应将伤口处剪平，促发新根。

长途运输或受旱的苗木应放在清水中浸泡一昼夜，使其充分吸收水分，以提高成活率。用50mg/L萘乙酸或25mg/L吲哚乙酸浸泡一昼夜，可提高成活率和生长量。

2. 栽植

经冬季风化后，再于栽前每亩用100kg饼肥和50kg磷肥堆制发酵后撒施于栽植畦表面，再行浅耕，使肥、土充分混合。按已定株距，定好栽植标记，在标记处挖1个小穴，深度、宽度根据根系大小确定。把苗木根系按30°左右的倾斜度放入穴内，分布要均匀。同时与前后左右的苗木或标定点对直对齐。放入苗木后，先培一半土覆盖在根系上，再将苗木轻轻往上提，使土壤充分进入根系之间，然后培土、踩紧踏实、浇水。

3. 地膜覆盖

地膜具有保水、保肥等优点，用60~80cm宽的地膜全垄条形覆盖。葡萄为多年生蔓生果树，需搭架才能保持一定的空间和株形，获得较高的产量。第1年就要上架，不能让枝蔓顺地爬，葡萄架分为篱架和棚架两种。

（1）篱架　篱架架面与地面基本垂直，葡萄枝叶分布其上，好似篱笆或篱壁。篱架中应用最普遍的是单篱架，双篱架与T形架也属于篱架（图2-1）。篱架适用于北方少雨地区，具有管理方便、通风透光好、架面叶面积系数高等优点。架高一般为1.7~1.9m，行距为2~2.5m。篱架需要严格精细的夏季修剪，稍有疏忽，极易出现枝梢郁蔽现象。篱架（按架高为1.8m计算）边柱粗为10cm×12cm或12cm×12cm，内用4根圆钢筋为骨架，柱长为260~270cm。中柱粗为8cm×8cm或10cm×10cm，柱长为230~250cm，柱间距为4~6m。篱架的力主要由边柱承受。因此，边柱必须斜埋，坠上锚石。篱架走向必须是南北向，确保两个面的枝叶都能得到直接光照。篱架通常拉4道铁丝，距地面约50cm拉第一道，向上均匀摆布3道铁丝，间距为40~50cm。

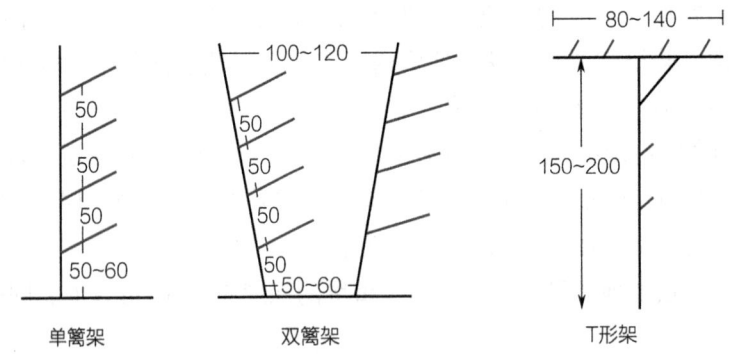

图2-1　葡萄篱架架型（单位：cm）

（2）棚架　棚架的面与地面平行或略有倾斜（图2-2）。葡萄枝蔓主要分布在离地面较高的棚面上，枝蔓可以利用较宽大的空间，北方埋土防寒或南方高温多湿地区多采用这种架式。棚架按架的长度分为大棚架和小棚架两种，架长7m以上的为大棚架，架长7m以下的为小棚架。

屋脊式棚架：常用于道路、走廊及观光葡萄长廊，架根高为1.5~1.8m，架梢高为2.5~3m，由两个倾斜式小棚架或大棚架相对头组成，形似屋脊。

水平棚架：因为棚架成为一个水平面所以称为水平棚架。水平棚架的架高为2~2.1m，柱间距为4~5m，边柱粗为12cm×12cm或12cm×14cm，角柱粗为15cm×15cm。边柱和角柱需用6根圆钢筋为骨架，长度为270~300cm。中柱粗为8cm×8cm或10cm×10cm，可用8号铁丝为筋，柱长为240~260cm，水平棚架的力主要由角柱和边柱承受。水平棚架适合在地块较大、平整、整齐的田园，地块一般不小于0.01km^2。水平棚架的葡萄枝叶在棚面上均匀分布，因此，栽植的行向不受方向的限制，但是应注意葡萄枝蔓的走向。

漏斗式棚架：适用于地形较复杂的地段，直径为10~15m，每亩栽植3~5架，各枝蔓扇形分布在30°~35°的圆架上，架根高为0.3m，周围架梢高为2~2.5m，形成漏斗状或扇状。漏斗式棚架具有省土、省水、外形美观、稳产性好的优点，但是该棚架为传统架式，管理费工，不利于机械化操作，通风透光差，病虫害易滋生。

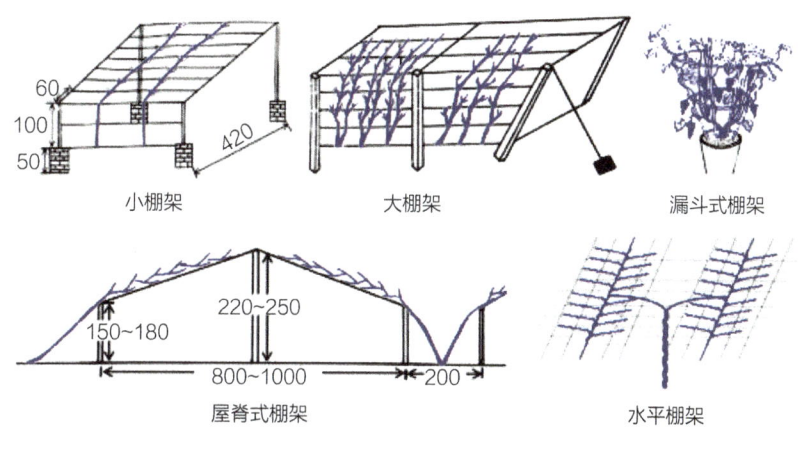

图2-2 葡萄棚架架型（单位：cm）

（六）肥水管理

葡萄定植后要经常清除杂草，疏松土壤，以保墒情。葡萄需肥量大，无论是幼树，还是成年树施足有机肥是丰产优质的基础。一般每亩施土杂肥或圈肥、绿肥等5000~10000kg。采用沟施法（在葡萄行间挖条状沟施入），沟深50cm、宽80cm，施入肥料后覆土盖好。应注意合理追肥，每年追肥3~4次。第1次在萌芽前进行，以速效氮肥为主，每株追尿素0.05~0.1kg；第2次追肥在谢花后8~10d，果粒绿豆大时进行，以速效氮肥和钾肥为主，每株可施尿素0.05~0.1kg，配以一定量的人粪尿；第3次追肥在果实着色前半个月内进行，以磷、钾肥为主，仍配以一定量的人粪尿；第4次追肥在果实采收后进行，可结合秋施基肥追施一些尿素。

另外，葡萄园还要注意灌溉，一是出土后至萌芽前灌促萌芽水；二是开花前、谢花后

7~10d灌保花保果水，对提高坐果率和幼果膨大作用十分显著；三是越冬前灌防寒水，防根系冻害。灌水量要求水渗到根系分布层，一般达60~80cm深。雨季要注意排水。

（七）整形与修剪

整形的目的是使枝蔓、果穗合理地分布于架面，充分利用空间，提高叶片的光合性能。葡萄整形以采用龙干整形较适宜，龙干整形又可分为独龙干、双龙干和三龙干。独龙干在架面上只留1根主蔓，整形分3年完成。定植当年新梢长到80cm左右摘心，抽出副梢后，顶端第一个副梢继续沿架面伸长，待长到60~70cm时二次摘心，其余副梢从地面30cm起每隔15~20cm留1个培养成结果母枝。第2年以上一年顶端副梢前面抽生的壮枝为延长枝去爬架面，上一年副梢形成的结果母枝和主蔓上的冬芽抽生的结果枝结果。第3年枝蔓继续布满架面，并适当安排结果枝，培养结果枝组，早成形、早结果，这种树形无侧蔓，结果枝组均匀地分布在主蔓两侧，整形容易，结果早。如果主蔓为2根或3根，则成双龙干或三龙干，整形方法可参照独龙干。

篱架整形效果好的为扇形整形，这种方法是在架面上安排4~6根主蔓，呈扇形分布于架面上，具体做法：定植当年选留2~3根主蔓，冬剪时将其中1~2根较壮的留30~40cm短截，第2年春季萌发后一边结果，一边延展架面；较弱的枝蔓在定植当年冬剪时留1~2个芽短截，第2年春季萌发1~2根新梢后留10片叶左右摘心，在布满架面的同时，又能增加前期产量。

葡萄修剪可分为冬剪和夏剪。冬剪时主要应考虑两个问题：一是单位面积内的留枝量；二是如何确定结果母枝的剪留长度。一般$1m^2$留10~12个壮梢，相当于结果母枝上每10~15cm留1个新梢。结果母枝的剪留长度要根据品种习性、整形方法、枝蔓用途，以及树势、树龄等具体因素综合确定。既要最大限度地安排结果，又要注意植株营养状况和通风透光条件，还要注意更新结果，调节好生长与结果的均衡关系。如在冬剪时留枝量少，结果母枝的剪留长度可长一些；反之剪留可短一些。品种长势强或抗病性强，结果母枝的剪留可长一些；反之品种长势弱或抗病性弱，结果母枝剪留应短一些。结果枝组更新采用单枝更新，将一年生枝留2~3个芽短截，第2年抽枝结果后，冬剪时再选留下部的一年生枝短截作为结果枝，其余枝条一律疏除，以后每年如此，确保结果枝组的结果能力。

同时，积极做好摘心、引缚枝蔓等夏剪工作，新梢摘心是控制生长和调节营养分配的有效方法，一般在开花前5~10d进行摘心，能使新梢暂时停止生长，植株营养更多地分配到花序上，促进花序发育良好，提高坐果率而减少落花落果，一般以在花序前方留5~6片叶摘心为宜，对无花而又要留作营养枝的，留7~8片叶摘心，随着新梢的再次生长，顶部留2~4片叶摘心，对副梢每次留1片叶反复摘心。

（八）花果管理

1. 疏花穗

开花前同主梢摘心同步进行，一般强旺枝留2穗，特强枝留3穗，弱枝留1穗，细弱枝不留穗，但可培养成结果母枝第2年结果，大果粒品种一般强旺枝留1穗，特强枝留2穗。

2. 疏花序

始花前5~7d将副穗除去，同时将花序尖掐掉1/3。

3. 疏果

大果粒品种必须进行严格的疏果，一般每穗留果25~30粒，不超过35粒。疏果在果粒长到黄豆大时进行，同时疏掉畸形果、病果。

4. 套袋

套袋是生产优质葡萄的重要手段，尤其是大果粒品种，套袋更能促进果粒增大和果面光洁美观。套袋在疏果后进行，但要在套袋前细致地将果粒喷洒一遍杀菌剂。

（九）病虫害防治

全年以病害防治为重点，以预防为主，农业防治、生物防治、物理防治和化学防治相结合。根据气候变化和病虫害发生的规律和特点，随时注意观察和预测，做到提前预防，提早喷药保护，防患于未然。防治要求：秋季彻底清园，剪除病梢、病叶，集中深埋或烧毁；及时夏剪、引缚枝蔓，勤中耕除草、通风透光。

葡萄易发生的病害有霜霉病、白粉病、炭疽病、白腐病等，虫害较少，主要有二星叶蝉、葡萄红蜘蛛、透翅蛾等。防治措施：加强田间管理，增强植株自身抗性；及时清除落叶杂草，剪除枯死枝条，清除病果病穗，创造好的生态环境。发芽前喷一次5° Bé石硫合剂；展叶后喷一次1∶2∶200波尔多液；开花后到果实采收前每隔10~15d再喷一次1∶2∶200波尔多液；如蚜虫严重，可喷一次吡虫啉；霜霉病或白粉病较重，可喷1~2次90%甲基硫菌灵可湿性粉剂800~1000倍液，或40%乙磷铝可湿性粉剂200倍液或25%甲霜灵500~600倍液；果实采收后再喷1~2次1∶2∶200波尔多液。

三、葡萄果实的品质及成分

酿造优质的葡萄酒往往是三分靠工艺，七分靠原料。也就是说，原料葡萄对于葡萄酒的质量起着决定性的作用，而只有很好地了解葡萄的成分特点才能控制好葡萄的质量从而酿造出高品质的葡萄酒。葡萄果穗包括果梗和果实两个部分，其中果梗占4%~6%，果实占94%~96%。根据品种的不同，两者比例有很大的出入。葡萄果实组成见图2-3。

（一）果梗

果梗是果实的支持体，含有维束管，可将营养物质，特别是糖输送到果实。果梗含大量水分、纤维素、树脂、无机盐、单宁，只含少量糖和有机酸。葡萄果

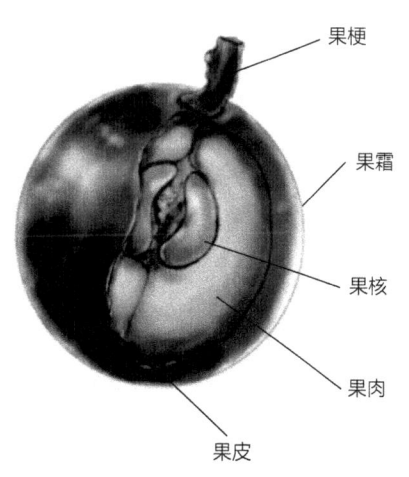

图2-3 葡萄果实的组成

梗主要的化学成分见表2-1。

表2-1 葡萄果梗主要的化学成分

成分	含量（%）	成分	含量（%）
水	78~80	无机盐	2~3
纤维素	6~7	有机酸	0.3~1.2
单宁	1~3	糖	0.3~0.5
树脂	1~2		

因果梗富含单宁和苦味树脂等物质，常常使酒产生过重的涩味，并且使酒精度稍微降低。果梗的存在使果汁水分增加3%~4%。制造白葡萄酒或浅红色葡萄酒时，带梗压榨，可使果汁易于流出和挤压，但不论酿造哪一种葡萄酒，都不带果梗发酵。

（二）果实

葡萄果实包括果皮、果核、果肉3个部分，它们的质量百分比分别为果皮6%~12%、果核（籽）2%~5%、果肉（浆液）83%~92%。

1. 果皮

果实外面有一层果皮，果实发育生长时，果皮的质量几乎很少增加，果实长大后，果皮成为有弹性的薄膜。果皮由多层细胞组成，表面有一层蜡质保护层，阻止空气中的微生物尤其是附在果皮上的酵母侵入细胞。常常使用农药的葡萄，果皮表面的酵母大都已死亡，因此破碎后发酵慢，适宜用人工培养的酵母接种。葡萄果皮主要的化学成分见表2-2。

表2-2 葡萄果皮主要的化学成分

成分	含量（%）	成分	含量（%）
水	78~80	无机盐	0.5~1
纤维素	18~20	单宁	0.5~2
有机酸	0.1~0.2		

果皮中含有单宁和色素，这两种成分对酿造红葡萄酒很重要。

1）单宁。果皮的单宁含量因葡萄的品种而不同，一般为0.5%~2%，但在果肉内含量极少或完全没有，不带果梗发酵的红葡萄酒，单宁主要来自果皮。葡萄单宁是一种复杂的有机化合物，能溶于水和酒精，味苦而涩，与铁盐（三价）作用时生成蓝色沉淀（即含过量铁的葡萄酒会产生蓝色沉淀）。单宁能和动物胶或其他蛋白质溶液生成不溶性的复合沉淀（下胶澄清即利用了此原理）。葡萄单宁还能与醛类化合物生成不溶解的缩合产物，并随着葡萄酒老熟而被氧化。

2）色素。除了极少数果皮与果肉都含色素的有色葡萄品种外，大多数葡萄的色素只存在于果皮中，因此可以以红葡萄制造白葡萄酒或浅红色葡萄酒。葡萄色素的化学成分非常复杂，往往因品种差别而不同，从黄绿色的白葡萄到紫黑色的红葡萄，有各种色调。白葡萄有白色、青色、黄色、白青色、白黄色、金黄色、浅黄色等颜色；红葡萄有浅红色、鲜红色、深红色、红黄色、褐色、深褐色、赤褐色等颜色；黑葡萄有浅紫色、紫色、紫红色、紫黑色、黑色等色泽。色素在酒精中比在水中易于溶解，醪液发酵生成越来越多的酒精，色素溶出也逐渐增加。温度能促进色素溶解，发酵期温度保持在28~30℃，有利于色素溶解，对酵母繁殖并无影响，美国加利福尼亚的葡萄酒厂常用55~60℃高温处理破碎葡萄，以快速除去色素。

此外，果皮上含有芳香成分，它赋予葡萄酒特有的果实香味。

2. 果核

果核含有多种有害葡萄酒风味的物质，如脂肪、树脂、挥发酸，这些东西如在发酵时带入醪液，会严重影响成品质量，因此，在破碎葡萄时，必须尽量避免将果核压破。发酵完毕，酒糟中的葡萄核可用于榨油。葡萄果核主要的化学成分见表2-3。

表2-3 葡萄果核主要的化学成分

成分	含量（%）	成分	含量（%）
水	35~40	挥发酸	0.5~1
脂肪	6~10	无机盐	1~2
单宁	3~7	纤维素及其衍生物	44~57

3. 果肉

果肉和果汁为葡萄的主要部分，且不同品种的组成各不相同。食用品种的果肉组织紧密而耐嚼；酒用品种则柔软多汁，有一层极薄的细胞膜。成熟葡萄的果肉和果汁的质量几乎一样。葡萄果肉主要的化学成分见表2-4。

表2-4 葡萄果肉主要的化学成分

成分	含量（%）	成分	含量（%）
水	70~78	结合态有机酸（酒石酸氢钾）	0.3~1
糖（葡萄糖、果糖）	10~25	矿物质	0.2~0.3
游离有机酸（酒石酸、苹果酸）	0.2~0.5	氮化物和果胶物质	0.05~0.1

葡萄浆是果肉与果汁的总称，是还原糖溶液，比重比水大，其浓度一般以1L葡萄浆含还原糖的质量（g）表示，普遍为1060~1120g，只要测定比重，就能估计糖的浓度。

葡萄浆各成分的性质如下：

1）糖。葡萄的糖全部是葡萄糖和果糖，成熟时两者的比重几乎相等，不含蔗糖。葡萄糖与果糖都是单糖，这两种糖在酵母作用下，直接发酵生成酒精和 CO_2 及各种副产物。葡萄从发育期开始，即在果实中累积糖，经过 5~6 周，每升果浆中的含糖量从数克增加到 200g 左右，成熟末期，含糖量急剧增加，每天每升葡萄浆可增加 8~10g，相当于 0.5%vol 的酒精度，由此可见，在葡萄成熟末期测定糖变化的重要性。根据葡萄品种、果实大小、土壤、气候、栽培方法、病虫害等因素，含糖量有较大的差异。

2）酸度。葡萄的酸度主要来自两种有机酸，即酒石酸和苹果酸，有时会在成熟的葡萄或长霉的葡萄中发现极少量的柠檬酸，一般为 0.01%~0.03%。葡萄中的酸一部分以游离酸形式存在，一部分以盐的形式（结合酸）存在，如中性或酸性酒石酸钾或酸性苹果酸钾。游离酸和结合酸的比例关系随 pH 而转变。葡萄从发育到成熟，酸度逐渐下降，主要存在两个原因：一是土壤中存在的无机盐，主要是钾，使酒石酸、苹果酸中和；二是细胞的氧化呼吸，主要是对于苹果酸，温度越高、越成熟的果实，氧化就越多。温暖地区的葡萄浆，酸度较低，一般总酸为 2.5~4g/L，相当于 pH 为 3.3~3.8，要得到色泽鲜艳、口味爽适的葡萄酒，总酸至少必须为 4.0g/L，往往需要加酸。霉烂的葡萄酸度往往偏高，也有的达到 6~8g/L。

3）含氮物。葡萄浆含氮 0.3~1g/L（总氮），一部分以氨态（10%~20%）存在，容易被酵母同化，其他部分以有机氮形式存在（氨基酸、胺类、蛋白质），发酵时在单宁与酒精的影响下生成沉淀。腐烂的葡萄含氮物质比健康葡萄多，有利于杂菌繁殖，尤其是引起葡萄酒混浊的乳酸菌。

4）果胶质。果胶是一种多糖类复杂化合物，以不稳定胶体状态存在于果汁中，含量因葡萄品种差异而不同，而且与成熟度有密切关系，过度成熟及局部晒干的葡萄，一般含较多的果胶质。少量的果胶质能增加葡萄酒的柔和风味。

5）无机盐。葡萄中的无机盐成分从发育到成熟期持续增加（2~4g/L），主要是从土壤吸收来的。钾是葡萄最重要的无机盐成分，含量根据土壤、气候、栽培方法、肥料种类而异葡萄浆一般为 0.7~2g/L。葡萄酒的含钾量比葡萄浆少得多，因为一部分酒石酸钾盐，已发酵及在冬季生成沉淀。钾是葡萄成熟时与酒石酸、苹果酸化合的主要盐类。葡萄浆中其他比较重要的无机盐成分包括钙、镁、钠、铁，这些元素都与有机酸（酒石酸与苹果酸）及无机盐（盐酸、硫酸、磷酸）结合，以中性或酸性盐的形式存在，氯与硫在葡萄浆中以中性盐的形式（如 KCl、K_2SO_4）存在，而磷则以酸性盐的形式出现（如 KH_2PO_4、K_2HPO_4 等）。

总之，葡萄的果梗、果皮、果肉对酿酒都有一定的好处，但主要还是占葡萄质量 90% 左右的果肉与果汁起重要作用，它们含有两种主要成分即糖和酸。单独用不带果皮的葡萄浆，可制成高质量的白葡萄酒和浅红葡萄酒。果皮含有单宁和色素，对于酿造红葡萄酒极为重要，果梗一般在葡萄破碎时除去，以免带来有碍葡萄酒风味的物质。

知识拓展

习近平总书记在庆祝中国共产党成立 95 周年大会上的重要讲话中指出:"文化自信,是更基础、更广泛、更深厚的自信"。

"世界蛇龙珠日"是由张裕倡导设立的我国第一个以葡萄品种命名的节日。2016 年 5 月 25 日,全球首个"世界蛇龙珠日"启动仪式在 Vinexpo 香港张裕展位举行,我国拥有的首个葡萄品种节日正式拉开帷幕。我国自己的葡萄酒文化不断发展壮大。

学习评价

学习评价单

序号	评价内容及分值	评价标准	学生自评 10%	小组互评 10%	教师评价 60%	企业评价 20%
1	学习方法 10 分	课前完成必备知识的自学;课中认真观察思考,并主动操作实践;课后归纳反思				
2	学习态度 20 分	工作态度端正,具有吃苦耐劳、诚实守信、认真负责的品质,对知识和技能能够认真学习、钻研				
3	沟通表达 10 分	能够及时与同组成员及指导教师、技术人员沟通交流				
4	合作能力 10 分	团队协作意识强				
5	创新实践 10 分	能够结合酒体实际情况对葡萄酒进行评定				
6	职业能力 10 分	能够根据企业生产需要,选择适宜的葡萄品质				
7	学习成果 30 分	对葡萄的栽培与管理有基本的了解,熟悉酿酒葡萄品种及葡萄中各物质含量				
	合计					

项目三 葡萄汁制备

项目导学
- 葡萄汁的制备在葡萄酒生产中具有极其重要的地位。葡萄汁是葡萄酒的主要原料之一,由葡萄果实压榨而成,而非勾兑酒的原料。它含有丰富的果糖、葡萄糖和有机酸等成分,这些成分在酿制葡萄酒的过程中起到关键作用。

项目目标
- 知识学习目标:了解酿酒前的准备工作,熟悉葡萄破碎、压榨的生产过程。
- 技能培养目标:掌握各种葡萄破碎、压榨设备的操作要点,能够进行葡萄破碎、压榨的基本操作。
- 职业情感目标:激发对葡萄汁制备及改良的兴趣,培养工匠精神、创新意识和探索精神,能够不断学习新知识、新技术,提高自身的综合素质和工作能力。

相关知识

一、酿酒前的准备

1. 厂房整理

酿造葡萄酒的厂房,必须符合食品生产的卫生要求。要根据生产能力的大小设计厂房和选购设备。发酵车间要光照明亮,空气流通。贮酒车间要求密封较好。葡萄酒厂的地面要有足够的坡度,用自来水冲刷地面后,污水能自动流出。车间地面不留水沟或留明水沟,水沟底的坡面能使刷地的水全部流出车间。车间的地面最好是贴马赛克或釉面瓷砖,车间的墙壁用白色瓷砖贴到顶。厂房要符合工艺流程需要,从葡萄破碎、分离压榨、发酵贮藏到成品酒灌装等,各道工序要紧凑地连接在一起,防止远距离输送造成污染和失误。

2. 工具、设备的准备与检修

1)清理车间,一切非酿酒用的器具全部清出。
2)检查容器是否漏水,尤其是长期未装酒的容器必须装水检查。
3)新容器及新除去酒石沉淀的容器,内部重新涂料;装过坏渣的容器必须进行杀菌。
4)检查发酵池(罐)的阀门、橡皮衬里等是否完好,有无漏水现象。
5)检查所有管道、橡皮管等。
6)检查所有酿酒设备,包括电机、破碎机、除梗机、压榨机、输送泵、冷却设备等。在酿酒开始之前,必须充分检查,确保在酿酒过程中安全生产,不致发生故障。
7)检查所有木制容器是否有长霉、脱箍或漏水现象,并应涂一遍清漆。

8）在酿酒车间布置酒母室、SO_2（二氧化硫）准备室，并准备一定数量的酒母。

9）事先准备好发酵需要的各种添加剂：SO_2、酒石酸、单宁、下胶材料等。

3. 葡萄的采收

无论是什么类型的葡萄酒，都是以葡萄果实为原料生产的。葡萄果实的成熟度决定着葡萄酒的质量和种类，是影响葡萄酒生产的主要因素之一。通常只有用成熟度良好的葡萄果实才能生产出品质优良的葡萄酒；好的年份主要是指夏季的气候条件有利于果实充分成熟的年份。但在气候炎热的地区，葡萄果实成熟很快，为了获得平衡、清爽的葡萄酒，应尽量避免葡萄过熟。

葡萄果实根据成熟情况可分为以下不同阶段：

（1）幼果期　幼果期从坐果开始，到转色期结束。幼果保持绿色并迅速膨大，质地坚硬。此时糖开始形成，但其含量不超过 20g/L。而含酸量迅速增加，并在接近转色期时达到最大值。

（2）转色期　转色期就是葡萄果实着色的时期。在转色期，果实的大小几乎不变。果皮叶绿素大量分解，白色品种的果色变浅，丧失绿色，呈微透明状；有色品种的果皮开始积累色素，由绿色逐渐转为红色、深蓝色等。果实含糖量直线上升，达到 100g/L 左右，含酸量则开始下降。

（3）成熟期　从转色期结束到浆果成熟，一般为 35~50d。在此期间，果实再次膨大，逐渐达到品种固有的大小和色彩，含酸量迅速降低，含糖量增加速度可达每天 4~5g/L。果实的成熟度可分为两种，即生理成熟和技术成熟。生理成熟，即果实含糖量达到最大值，果粒也达到最大直径时的成熟度。而技术成熟是根据生产的葡萄酒种类，必须采收时的工艺成熟度。

（4）过熟期　果实成熟后，果实与植株其他部分的物质交换基本停止。果实的含糖量由于水分蒸发而提高，果实进入过熟期。过熟可提高葡萄果实及果汁含糖量，这对于酿造高酒精度、高糖度的葡萄酒是必需的。

二、葡萄破碎与除梗

不论是酿制红葡萄酒还是白葡萄酒，都需先将葡萄除梗。新式葡萄破碎机都附有除梗装置，有葡萄先破碎后除梗或先除梗后破碎两种形式。

1. 葡萄破碎

葡萄破碎是使果皮破裂，葡萄果汁溢出。葡萄进入破碎机挤压破皮，让葡萄汁流出。破碎的目的是使果粒表面的天然酵母与葡萄汁接触，有利于酵母的繁殖；在传统浸提法酿酒的情况下，皮渣中的可溶物能在葡萄汁中很好地扩散。由于果皮含有单宁、红色素及香味物质等重要成分，因此在发酵之前，特别是红葡萄酒，必须破皮挤出葡萄果肉，让葡萄汁和果皮接触，以便让这些物质溶解到酒中，破皮的程度必须适中，防止果核及果梗破碎，以避免释出果梗或果核中的油脂和单宁。在酿造白葡萄酒时，要防止因葡萄汁与葡萄的固体部分接触时间过长而影响葡萄酒的品质。

根据葡萄破碎机的处理能力，均匀地把新鲜的葡萄输入破碎机里，注意捡出杂物。无论是红葡萄酒还是白葡萄酒，在葡萄破碎的同时都要均匀地加入 SO_2。根据葡萄的品质，SO_2 的加入量可酌情增减。可通过亚硫酸（H_2SO_3）的形式均匀地加入；也可使用偏重亚硫酸钾（$K_2S_2O_5$），用软化水化开，根据计算的量均匀地加入。SO_2 能有效地抑制有害微生物的活动，防止葡萄破碎以后在输送、分离、压榨过程中及发酵以前氧化。

并非所有的葡萄都会经过破皮阶段，如许多白葡萄酒就常直接榨汁，不另外破皮，有些红葡萄酒也会采用整穗葡萄酿造，同样不需要破皮就直接放进酒槽。没有破皮的葡萄会延缓酒精发酵的启动，延长发酵时间。

2. 葡萄除梗

除梗是将葡萄果实与果梗分开，去除果梗，目的是减少酒的损失；减少单宁含量及收敛性；减少果梗味。存在于果梗中的单宁涩味重，特别是还未完全成熟时常带有刺鼻的草味，会影响葡萄酒的细致表现，现在除了整穗葡萄的酿造法外，大多会将果梗全部去除。不过仍然有酒庄在酿造红葡萄酒时保留一部分的果梗，让涩味不足的葡萄酒多一点单宁。酿造白葡萄酒时也可能保留果梗，以利于榨汁时葡萄汁较易流出。

新式葡萄破碎机多附有除梗装置，为一卧式具有多孔假底的圆，长 1~1.5m，中间有回转轴，轴上有浆板，转动时将果实从果梗上打下，通过假底而落入接收器，通过葡萄浆输送泵，送往发酵槽或压榨机，将葡萄汁与皮渣分开。

3. 葡萄破碎除梗机

葡萄破碎除梗机和除梗破碎机都有除梗和破碎果实的功能，但在操作流程和结果上有所不同。葡萄破碎除梗机结构见图 3-1。葡萄原料由料斗进入 2 个破碎辊之间，葡萄果实在破碎辊的挤压下被破碎，并与果梗一起进入筛筒。在除梗螺旋的作用下，果梗被摘除并从果梗出口排出；果浆等从筛孔排出并落入下部螺旋排料器中，再经果浆出口排出。

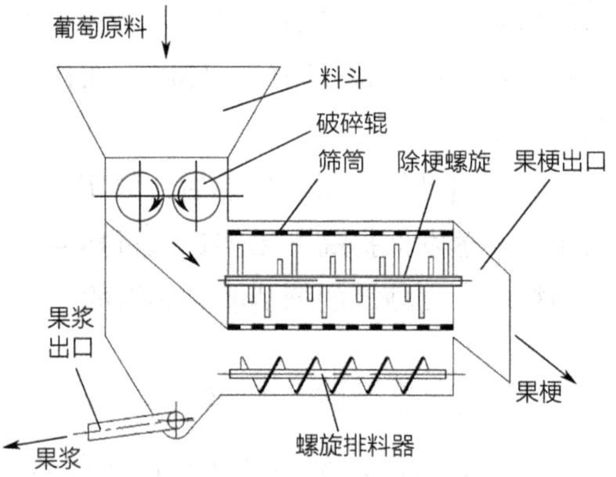

图 3-1 葡萄破碎除梗机结构

破碎装置由一对破碎辊组成。有多种破碎辊，常用的为花瓣形。调整 2 个破碎辊间的中心距，可以满足不同破碎率的要求。破碎辊材料为橡胶，防止破碎时撕碎果皮、压破果核和碾碎果梗。

4. 葡萄除梗破碎机

葡萄除梗破碎机结构见图 3-2。当葡萄从料斗投入后，在螺旋的推动下向右进入筛筒进行除梗，果梗在除梗螺旋的作用下被摘除并从果梗出口排出。果实从筛孔中排出，并在焊在筛筒外壁上的螺旋片的推动下向左移动，并在此过程中落入破碎装置，由下部的螺旋排料装置排出。

活门的开度大小可通过手轮调节,以满足不同除梗率的要求。当工艺要求为完全不除梗时,活门可全部打开,葡萄可直接进入破碎装置进行破碎,此时除梗装置停止运转。

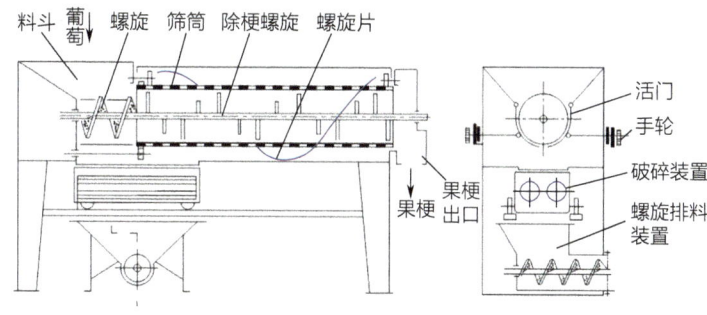

图3-2 葡萄除梗破碎机结构

破碎装置下部设有4个轮子,可使其纵向移动。当工艺要求完全不破碎时,可将装置推向右边,使经过或未经过除梗的葡萄果实直接由螺旋排料装置排出。通过调节破碎辊间的中心距,可得到不同的破碎率。

三、果汁分离与果肉压榨

1. 果汁分离

酿造白葡萄酒时,葡萄破碎以后要进行果汁分离、皮渣压榨和果汁的澄清处理。葡萄在破碎过程中自流出来的葡萄汁称为自流汁,自流汁是最优质的葡萄汁,糖度高、果味丰厚,可酿造出优质的葡萄酒,但这种方法成本高且难以控制。

压榨之后流出来的葡萄汁称为压榨汁。压榨葡萄或葡萄皮渣,以分离出液体部分,目的是将葡萄果汁分离出来,以便在没有葡萄固体物质的情况下酿酒(即酿造白葡萄酒)。鲜葡萄应在采摘后的最短时间内压榨,如果是破碎的葡萄,应在破碎后的最短时间内压榨。压榨时要尽量避免压碎果核和果梗,果核虽然含有细腻的单宁,但也含有很多油性苦味物质,果梗的单宁粗糙,进入葡萄汁以后会影响口感。

连续工作的果汁分离机,可分离出40%~50%的葡萄汁;分离后的皮渣进入连续压榨机,可榨出30%~40%的葡萄汁,两次出汁率合计在80%左右,压榨后的皮渣可以抛弃。压榨汁应分段处理。一段、二段压榨汁,可并入自流汁中酿制白葡萄酒;三段压榨汁占10%~15%,因单宁和色素含量高,不宜酿制白葡萄酒,可单独发酵酿制葡萄酒或蒸馏白兰地。传统方法采用垂直式压榨机、卧式压榨机压榨,因为压力大,在酿造冰葡萄酒或甜葡萄酒时最常使用。现在多采用水平气囊压榨机。

葡萄汁澄清是在发酵前将悬浮的固体物质从葡萄汁中分离出去,目的是去除尘土微粒;去除有机微粒以减少酚类氧化酶的活性;减少有害微生物;减少果胶含量,降低混浊度。葡萄汁澄清的处理方法如下:

1)可采用高速离心机对葡萄汁进行离心处理,分离出葡萄汁中的果肉、果渣等悬浮物,将离心得到的清汁进行发酵。

2)也可把分离压榨的葡萄汁置于低温澄清罐,加入皂土,搅拌均匀,冷冻降温。使品温降到10℃以下,通常在5℃左右,静置3d。分离上层清液,用硅藻土过滤机过滤。

3)还可采用果胶酶法。果胶酶可以软化果肉组织中的果胶质,使之分解生成半乳糖醛酸和果胶酸，使葡萄汁的黏度下降，原来存在于葡萄汁中的固形物失去依托而沉降下来，以增强澄清效果，同时也有加快过滤速度、提高出汁率的作用。

2. 果肉压榨

（1）压榨的作用　压榨的目的是将葡萄浆中的葡萄汁或初发酵酒充分制取出来。在白葡萄酒酿制过程中是制取葡萄汁；在红葡萄酒酿制过程中，是从发酵的葡萄浆中制取初发酵酒。

压榨的工艺要求：

1）压榨中要有适当的压力，尽可能压出果汁而不压出果梗或其他组成部分中的汁。

2）压榨率高，能将葡萄汁充分压榨出来。

3）操作简单、省力，压榨均匀。

（2）压榨的方式　目前，在葡萄酒酿造业中应用的压榨机种类多样，其效率和单位压力也各不相同。葡萄压榨机按工作状态可分为间歇式和连续式2种。压榨工艺可分为间歇压榨和连续压榨两类，而间歇压榨工艺也有多种类型。

压榨汁中有一些有利成分，包括对品种特征和香味有贡献的成分和某些成熟组分的前体物质；但也有一些不利成分，如pH较高、含有许多的单宁和胶体物质。压榨汁中这些组分的含量取决于葡萄的自身条件、压榨加压方式、所用筛网的性质及皮渣相对于筛网的运动情况。在这一方面，与连续压榨相比，间歇压榨一般对果皮的剪切作用较小，从而可减少酚类和单宁的释放量。

（3）压榨设备

1）间歇榨汁机。间歇榨汁机操作以周期循环方式运行。一个操作循环包括进料、加压、回转、保压、卸筐和卸渣。进料时间由输送泵（或输送机）的速度和压榨机的容量确定。榨汁机一般要在1~2h内逐渐将压力升高至最大压力0.4~0.6MPa。大多数间歇榨汁机（筐式除外）在加压的同时可以回转，因此可形成较为规则的滤饼。现在多数压榨机有程序控制装置，可对操作循环中的加压、维持时间等条件进行编程控制。

2）筐式榨汁机。筐式榨汁机指最简单的木筐榨汁机，有一只垂直的滑板限定在滤饼表面，一只活动压榨头提供水平方向的压力，因此也被称为活动头榨汁机。筐式榨汁机有生产能力小、压力不均衡、在高压时会喷射出果汁、劳动强度大等缺点，一般只用于小型酒厂。

3）移动头榨汁机。改进筐式榨汁机，在侧面安装筛网，并用电机驱动的螺杆使压榨头运动，这种榨汁机一般称为移动头榨汁机。它有单头式的，也有双头式的。大多数移动头榨汁机还装有用链条连接的内部圆环，有利于在压榨头退回时打碎滤饼。

4）气囊压榨机。筐式移动头榨汁机的主要缺陷是滤饼中的果汁通道在加压时会很快被堵塞，这导致了滤饼外部较干而内部较湿。虽然利用圆环和链条的排列可以稍微克服这种缺陷，但往往收效甚微。对于这种设备的改进设计是在筛笼中心装备一只较长的橡胶圆筒（或气囊），从而使得滤饼成为圆筒形，而不是圆柱形，这种压榨机称为气囊压榨机。筛笼也能在压力增加的过程中回转，从而使皮渣形成均匀的滤饼。气囊内的压力是由外压缩空气提供的。

气囊压榨机的主要优点是压榨时气囊及罐壁对物料仅产生挤压作用,摩擦作用很小,不易于将果皮、果梗及果核本身的构成物压出,因而汁中固体物质及其他不良成分的含量少;可以及时进行松渣,因而能够在较低压力状态下获得较高的出汁率;与转筐式双压板压榨机相比,其渣饼较薄,出汁流畅,压力较小;在酿造白葡萄时,可以对葡萄直接进行压榨;生产量大,效率高。正是因为气囊压榨机具有以上突出的优点,因此得到了国内外葡萄酒生产企业的广泛应用。

气囊压榨机按照取汁形式可分为开放式与封闭式两类。开放式取汁是指压榨时汁从筛孔流出后直接流入接汁槽;封闭式取汁是指压榨时汁先沿径向排往筛筒中,然后再沿轴向通过管道排往接汁槽。开放式取汁会造成汁在空气中暴露面积大,时间长,易氧化,因此已逐渐被封闭式取汁代替。

5)膜式压榨机。用空气加压的另一种类型的压榨机是膜式(或罐式)压榨机。加压膜一般沿径向装在圆筒形管的一端。当膜的一侧抽真空时,膜收缩到罐的一端,皮渣通过侧壁上的门或罐的一端抽入。出汁筛网沿长度方向安装,加压膜由压缩空气提供压力,向物料加压。这类设备在加压操作过程中,果皮与筛网表面相对运动最少,从而使果皮和果核受到的剪切和磨碎作用小。皮渣中释放出的单宁和细微固形物大大减少,压榨汁中的固体和聚合酚类含量较低,因此压榨汁成分较好,使其得以广泛应用。

6)螺旋压榨机。对筛笼内原料施加压力的另一种方法是采用大型的螺杆,迫使皮渣在端板的背压下向另一端移动。端板一般由液压控制而且部分封闭,大多数螺旋压榨机的处理能力为50~100t/h。这种设备的处理能力是由螺杆直径和旋转速度确定的。

螺旋压榨机的优点是结构简单,操作方便,造价低;可实现连续作业,生产效率高。其缺点是螺旋叶片与物料剪切作用强,摩擦大;易于挤出果皮、果梗及果核本身的构成物,使汁中悬浮物及其他不利成分含量升高。这将对葡萄酒,尤其是白葡萄酒的质量造成严重影响;由于无法实现多次压榨,因而为了提高出汁率,则需要较大的压榨压力。这样就更增加了螺旋叶片与物料间的摩擦,使汁中悬浮物及其他不利成分的含量更高。正因为螺旋压榨机存在上述缺点,因而在葡萄酒的酿造中,尤其在白葡萄酒的酿造中已逐渐淘汰。

7)间歇螺旋压榨机。螺旋压榨机的一种改进型是间歇螺旋压榨机。这种压榨机的螺杆可以在液压驱动下水平移动,移动距离可达1m。在操作循环中形成了一种间歇操作,使果皮受到的剪切作用大为减弱,榨出的果汁质量也较好。目前这种类型的压榨机使用较少。

8)带式压榨机。这种压榨机采用了一系列气压垫向皮渣施加压力,皮渣支撑在金属网带上。网带在运行过程中进料,使皮渣分布在压榨机的水平段上。这时用气垫加压,维持一段时间后释放压力,网带再向前运行,卸除皮渣后再进入下一步循环。现代的带式压榨机具有一条连续运行的多孔网带,网带运行在几组支撑辊上,并由支撑辊向皮渣提供压力。榨出的果汁通过筛网下落,由底部的承接盘收集,这类设备在起泡葡萄酒生产中广泛用于整穗葡萄的处理,具有很高的生产能力。

转筐式双压板压榨机。与螺旋压榨机相比较,其优点是压榨过程中物料主要受挤压压力，摩擦作用很小，因而汁中悬浮物含量较少；可以实现松渣及多次压榨，因此压榨压力比螺旋压榨机的小；在酿造白葡萄酒时可以对葡萄进行直接压榨，以减少对物料的机械作用。但其也存在诸多的缺点：渣饼较厚，加压时果汁流道会很快被堵塞，内部果汁不易流出，导致表层皮渣较干而内部皮渣较湿。虽然采取松渣及多次压榨可以稍微克服这些缺点，但往往收效甚微。因此，为了确保一定的出汁率，就必须提高压榨压力，其压榨压力仍然较大，一般为 0.6~1.0MPa。转筐周围密封较差，汁在空气中暴露时间长，易氧化。

9）用于压榨红葡萄酒皮渣的压榨机。以前多采用筐栏式压榨机对红葡萄酒皮渣进行压榨，现在许多葡萄酒厂已改用压榨速度快、压榨时间短的连续螺旋压榨机和卧式压榨机。

①筐栏式压榨机。筐栏式压榨机在红葡萄酒的生产过程中曾经是大部分葡萄酒厂所采用的压榨设备。筐栏式压榨机具有构造简单、压榨力高、压榨出酒率高等优点。但筐栏式压榨机压榨速度慢，操作较繁杂，而且不易保持清洁，因此，不少酒厂已改用卧式压榨机或其他压榨设备。

②连续螺旋压榨机。连续螺旋压榨机具有压榨速度快、压榨效率高、压榨出酒率高等特点。但在皮渣压榨过程中，螺旋挤压作用会使一部分葡萄皮渣破碎，压榨出的葡萄酒液比较混浊，酒中的成分也因溶入较多皮渣中的物质而发生变化，使葡萄酒有涩味。采用连续螺旋压榨机时，可将葡萄皮渣直接由发酵池送往压榨机，或者用输送泵送往连续压榨机，压榨出来的糟粕含水量极低，可用运输带直接送入酒糟池。

③卧式压榨机。卧式压榨机为了弥补立式压榨机速度慢、劳动强度大的缺点，将榨筐由立式改为横卧式，加长榨筐长度。卧式压榨机压榨速度快，劳动强度低，出糟便利，自动化程度高，生产能力大，适用于大型干红葡萄酒厂使用。卧式压榨机经过不断改进，分成了机械加压、液压和气压3种形式，在国外葡萄酒生产过程中已被广泛使用。

（4）压榨汁成分　压榨出的果汁（压榨汁）成分与自流汁明显不同。其有利的方面包括含有香味成分；不利的方面包括含有较多固体、酚类和单宁，较低的酸度和较高的 pH，以及含有较高浓度的多糖和胶体成分。压榨汁中还有较高水平的氧化酶，这是因为其固体含量和酚类底物的浓度较高，因此较容易褐变。

压榨汁与自流汁成分差别的程度首先取决于压榨机的类型和操作方式，其次是葡萄的品质。白葡萄汁的粗涩感和易褐变性，主要是由总酚和聚合酚类含量决定的，而固形物含量则决定了是否需要进行进一步澄清处理。

（5）皮渣处理　含有果汁的湿皮渣需要输送到压榨机中，压榨后的皮渣需要排出，并运输出厂。输送皮渣最常用的方法是采用带式或螺旋输送机。这些输送机一般在固定地点安装，但在小型酒厂中输送机可以是移动式的。在大型葡萄酒厂中，更常规的做法是数台螺旋输送机组成一个输送系统，向多台压榨机供料，输出的皮渣也由输送系统集中排出。

四、葡萄汁的改良

优质的葡萄汁取决于优良的葡萄品种、成熟的栽培技术和适当的采收时机。酿制白葡萄酒的葡萄宜稍早采收,以果实充分成熟、含糖量接近最高时为宜;红葡萄酒的原料宜稍晚采收,以糖分积累到最高时为宜,这样可以得到优质的葡萄汁。如果气候失调,葡萄未能充分成熟,果汁中含酸量高而含糖量低,则应在发酵之前调整葡萄汁糖度与酸度,这称为葡萄汁的改良。

葡萄汁改良的目的包括:使酿成的酒成分接近,便于管理;防止发酵不正常;酿成的葡萄酒质量较好。

葡萄汁的改良常指糖度、酸度的调整。但葡萄成分的调整有一定的局限性,只能在一定程度上调整葡萄中某些成分的缺少或过多。对于未成熟或过熟的葡萄,此方法则作用不大。因此,不要只依赖葡萄成分的调整而过早或粗心大意地采收葡萄。

1. 糖度的调整

(1)加糖　一般情况下,按1.7g/100mL糖可生成1%vol酒精计算,一般干酒的酒精度为11%vol左右,甜酒为15%vol左右。酿制一般葡萄酒的葡萄含糖量不低于150g/L(可滴定糖)、酿制优质葡萄酒的葡萄含糖量不低于170g/L。若葡萄汁中含糖量过低,必须提高糖度,发酵后才能达到所需的酒精含量。

1)加糖量的计算。例如,利用潜在酒精含量为9.5%vol的5000L葡萄汁,发酵成酒精含量为12%vol的干白葡萄酒。那么需要添加多少糖?

需要增加的酒精含量=12%vol–9.5%vol=2.5%vol

需要添加的糖量=2.5×(1.7g/100mL×1000mL)×5000L=212500g=212.5kg

2)加糖操作的要点。

①加糖前应量出较为准确的葡萄汁体积,一般每200L加一次糖(视容器而定)。

②加糖时先将糖用葡萄汁溶解,制成糖浆。

③用冷葡萄汁溶解,不要加热,更不要先用热水将糖溶成糖浆。

④加糖后要充分搅拌,使其完全溶解。

⑤溶解后的体积需要记录(作为发酵开始的体积)。

⑥最好在酒精发酵刚开始的时候加糖。

(2)添加浓缩葡萄汁　浓缩葡萄汁可采用真空浓缩法制得。果汁保持原有的风味,有利于提高葡萄酒的质量。

1)浓缩葡萄汁添加量的计算。首先对浓缩葡萄汁的含糖量进行分析,然后用交叉法求出浓缩葡萄汁的添加量。

例如,已知浓缩葡萄汁的潜在酒精含量为50%vol,5000L发酵葡萄汁的潜在酒精含量为10%vol,葡萄酒要求达到酒精含量为11.5%vol。现计算浓缩葡萄汁的添加量。

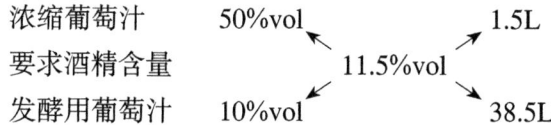

即在38.5L的发酵液中加1.5L浓缩葡萄汁,才能使葡萄酒达到11.5%vol的酒精含量。

浓缩葡萄汁添加量 =（1.5L/38.5L）×5000L=194.8L

2）添加浓缩葡萄汁的注意事项。

①浓缩葡萄汁可采用许可的方法进行部分脱水，这一操作过程不应造成焦化现象。

②添加时要注意浓缩葡萄汁的酸度，因葡萄汁浓缩后酸度也同时提高。当加入量不影响葡萄汁酸度时，可不做任何处理；若酸度太高，在浓缩葡萄汁中加适量碳酸钙中和，降酸后使用。

（3）干化　采收后把健康的成熟葡萄放入风干房，风干过程中，需要保持果穗松散，每天检查果穗健康状况，及时去除腐烂果粒。有的酒庄甚至会安装温控装置、除湿机等设备辅助风干。葡萄的酸度会在风干过程中得以保留，并随着糖分、风味物质等一并浓缩。

（4）反渗透　因葡萄汁的糖度过低，一般在发酵前或发酵过程中需补加白砂糖等，但补糖后的葡萄汁酿成的葡萄酒，缺乏浓厚的芳醇性和风味，酒质欠佳。

将原料葡萄除梗、破碎、压榨得到果汁，加偏重亚硫酸钾或亚硫酸，除去不溶物，得到澄清果汁。将澄清果汁分别用除盐率为 70%~95% 的反渗透膜和除盐率为 96%~99% 的反渗透膜浓缩到糖度分别为 24%~35%（果汁 A）和 20%~25%（果汁 B），将果汁 A 与果汁 B 以一定比例混合，按常规方法用葡萄酒酵母发酵，熟成半年，得到的葡萄酒既风味浓厚，又能保持葡萄汁的芳香，色泽稳定，酒品质量高。

2. 酸度的调整

如果葡萄醪的酸度不足，各种有害细菌就会发育，对酵母产生危害，发酵完毕后制成的酒口味淡薄，颜色不清，保存性差，尤其当酸度低且酒精度中等或偏低时，成品葡萄酒可能不符合葡萄酒相关标准。一般认为，酸度应为 4~4.5g/L（以硫酸计），相当于 pH 为 3.3~3.5 才合适。此量对酵母最适应，还能给成品酒浓厚的风味，增进色泽。若酸度低于 3.5g/L，则添加酒石酸或柠檬酸或酸度高的果汁调整。酸度过高，要进行降酸处理，除了用糖浆或用酸度低的果汁调整外，还可用中性酒石酸钾中和等。

（1）增酸　添加酒石酸和柠檬酸。

1）酒石酸。在葡萄醪中添加结晶酒石酸，但禁止在成品葡萄酒中添加酒石酸，目的是避免做假葡萄酒。在葡萄醪发酵时，同时添加酒石酸与浓缩葡萄汁也是禁止的。

①用量。理论上每升加 1.53g 酒石酸能增加硫酸酸度 1g/L。实际操作中，一般每 1000L 葡萄醪中添加 1000g 酒石酸。

②石酸的用法。先用少量葡萄汁将酸溶解，然后将其均匀地加入发酵汁，并充分搅拌。在酿造红葡萄酒时酒石酸应分两次添加，一半加在主发酵槽，当葡萄醪与果皮籽实在一起发酵时；另一半添加在已经去除果皮与籽实的后发酵槽。

例如，葡萄汁滴定总酸为 5.5g/L，若提高到 8.0g/L，每 1000 L 需加酒石酸为多少？

需加酒石酸量 =（8.0-5.5）g/L × 1000 L=2500g=2.5kg

即每 1000L 葡萄汁加酒石酸 2.5kg。

2）柠檬酸。在葡萄酒中，可用加入柠檬酸的方式提高酸度。由于葡萄酒中柠檬酸的总量不得超过 1.0g/L，因此添加的柠檬酸量一般不超过 0.5g/L。柠檬酸主要用于白葡萄酒及浅红葡萄酒的酸度调节。在第 1 次下酒时添加，可增加酒的新鲜清凉味道，并能防止铁破败病。因为柠檬酸具有与葡萄酒中的铁生成复盐的性质，在某种程度上能阻止铁的单宁盐与磷酸盐的形成。这是唯一准许添加在葡萄酒中的酸，但许可添加量很少。

一般情况下，选择将酒石酸添加到葡萄醪中，且最好在酒精发酵开始时添加。因为葡萄酒酸度过低，pH 就高，则游离 SO_2 的比例较低，葡萄酒易受细菌侵害和被氧化。

添加 1g 酒石酸相当于添加 0.935g 柠檬酸。上例中，若添加柠檬酸则需加（8.0-5.5）g/L × 0.935g × 1000L=2337.5g ≈ 2.3kg。加酸时，先用少量葡萄汁与酸混合，然后缓慢均匀地加入葡萄汁中，需搅拌均匀（可用泵），操作中不可使用铁质容器。

（2）降酸　一般情况下不需要降低酸度，因为酸度稍高对发酵有好处。在贮藏过程中，酸度会自然降低，主要以酒石酸盐析出。但酸度过高时必须降酸。方法有物理降酸、化学降酸、生物降酸和现代生物技术降酸。

1）物理降酸。

①低温冷冻降酸。葡萄酒中的主要有机酸盐——酒石酸氢钾在纯水和葡萄汁中溶解度大，而在酒液中溶解度小且其溶解度和温度成正比。该降酸法即采用自然降温或利用冷冻设备进行冷冻处理，使酒石酸氢钾结晶析出，达到降酸的目的，通常可以降低酸度 0.5~2.0g/L（以酒石酸计）。

②山葡萄酒等果酒酿造中常采用带果皮发酵法，因其干浸出物较多，所以在发酵前果汁调整补糖时采用添加糖液的方法，将葡萄汁略稀释，可达到降低酸度的目的。

③将含酸量较少的果汁与含酸量较多的果汁按需要的比例进行混合，使混合后的果汁达到适宜的酸度。

2）化学降酸。化学降酸是指在果酒中加入化学试剂，如碳酸钙、碳酸氢钾、酒石酸钾和双钙盐等，这些化学试剂一般为弱酸盐，它们与果酒中的强酸盐发生化学反应，置换出强酸，从而达到降酸的目的。此方法操作简单易行，降酸效果明显，但其化学反应往往会影响口感和酒液的色泽，同时由于金属离子的大量溶入，可能会造成酒液的不稳定，如失光、混浊等。

①碳酸钙与双盐、双钙盐降酸。碳酸钙降酸反应快，成本低，使用方便，其限用量为 1.5g/L。碳酸钙和酒石酸反应，产生酒石酸钙，会直接降低酒的质量，影响酒的口感；葡萄汁中二价钙离子残留量过高也会抑制发酵进行。双盐降酸是采用碳酸钙与一定比例的碳酸氢钙同步降酸，但较大量的碳酸钙降酸会引起二价钙离子不稳定。双钙盐降酸是使用碳酸钙和酒石酸钙、苹果酸钙的混合物降酸的方法，可产生酒石酸钙、酒石酸氢钙和苹果酸氢钙，经冷冻结晶和过滤达到降酸目的。此法反应慢且成本高，实际生产中使用较少。

②酒石酸钾降酸。酒石酸钾和酒石酸反应产生酒石酸氢钾。利用酒石酸钾降酸反应缓慢，而且成本高，但可以在葡萄酒酿成之后、澄清之前进行。

③离子交换树脂降酸。这种方法是通过阴离子交换树脂中的 OH^- 与有机酸反应，交换

酒中的酸根，从而达到降酸的目的。例如，对山楂干酒进行降酸，选择的树脂是弱碱性阴离子交换树脂，可以达到很好的降酸效果。目前，离子交换树脂降酸已广泛应用于果酒降酸。

④电渗析法降酸。近年来，国外已研究出可取代冷冻处理的新技术——电渗析（Electrodialysis），它是一种新型的去除酒石酸盐的方法，利用直流电场作用，将构成酒石酸盐的阴阳离子通过选择性离子透过膜分别除去，从而达到酒体冷稳定的目的。

3）生物降酸。

①苹果酸-乳酸发酵。苹果酸-乳酸发酵（简称苹乳发酵，MLF）是指L-苹果酸在乳酸菌（LAB）的苹果酸-乳酸酶催化下转变成L-乳酸和二氧化碳的过程。

②苹果酸-乙醇发酵。苹果酸-乙醇发酵是葡萄酒微生物降酸的另一途径。在葡萄酒中，能够进行苹果酸-乳酸发酵的微生物为裂殖酵母。裂殖酵母除能正常利用糖作为底物生成酒精外，还能在厌氧条件下分解苹果酸，最终生成酒精（乙醇）。

4）现代生物技术降酸。在果酒降酸中，采用基因技术选育降解苹果酸能力强的葡萄酒酵母，若能将降酸微生物的降酸基因通过现代生物技术植入到葡萄酒酵母体内，使之同时具有酒精发酵和苹果酸降解的能力，那么生产中的很多问题就会迎刃而解。目前的研究手段主要有基因工程技术和原生质体融合技术。

任务　酿酒葡萄成熟度的测定

◎ 任务目标

了解葡萄成熟阶段糖、酸的变化规律；掌握各类酿酒葡萄的采收时间确定方法与标准；强化紫外分光光度计的使用技能；测定酿酒葡萄的成熟度。

◎ 任务实施

一、材料和设备

费林试剂（测定还原糖含量的试剂）、酒精、盐酸、pH计、手持糖量计、保温桶、托盘天平、量筒、水浴锅、电炉、紫外分光光度计等、冰壶、小压榨机、吸水纸。

二、操作方法与步骤

（1）采样　转色期开始隔5~7d采样1次。大面积栽培时，采用250株取样法：每株随机取1~2粒果实，共取300~400粒；对栽培面积较小的品种，可随机选取几株摘取果实。将果实装入塑料袋，然后置于冰壶中，迅速带回实验室分析。

（2）百粒重与百粒体积测定　随机取100粒果实，称重，然后将100粒果实放入

500mL 量筒中，定量加水至完全淹没果实，读取量筒中水面体积。量筒体积读数减去加入水的体积数，即为葡萄百粒体积。

（3）出汁率测定　取果粒 500g，放入小压榨机中压碎，然后自然滴出葡萄汁，称汁得自流汁质量，然后计算出汁率。

（4）可溶性固形物测定　用手持糖量计测定葡萄汁的可溶性固形物含量。对于 pH 与总酸，取汁 20mL 用 pH 计测定 pH；用碱滴定法测定总酸。

（5）还原糖测定　用费林试剂法测定还原糖含量。

（6）果皮色价测定　选取被测葡萄不同色泽的果实 20 粒，洗干净，取下果皮并用吸水纸擦净皮上所带的果肉及果汁，剪碎，称取 0.2g 果皮用盐酸酒精液浸泡，然后在 540nm 下测吸光度，计算果皮色价。

三、注意事项

1）不同葡萄的采收时间与标准不同，应注意区分。
2）操作过程中，防止被测物向外散落而影响数据的准确性。

 学习评价

学习评价单

序号	评价内容及分值	评价标准	学生自评 10%	小组互评 10%	教师评价 60%	企业评价 20%
1	学习方法 10 分	课前完成必备知识的自学；课中认真观察思考，并主动操作实践；课后归纳反思				
2	学习态度 20 分	工作态度端正，具有吃苦耐劳、诚实守信、认真负责的品质，对知识和技能能够认真学习、钻研				
3	沟通表达 10 分	能够及时与同组成员及指导教师、技术人员沟通交流				
4	合作能力 10 分	团队协作意识强				
5	创新实践 10 分	能够结合实际实训情况进行操作				
6	职业能力 10 分	能够准确进行酿酒葡萄成熟度的测定				
7	学习成果 30 分	能准确使用紫外分光光度计，能准确计算酿酒葡萄成熟度				
	合计					

项目四
葡萄酒生产中辅料的应用

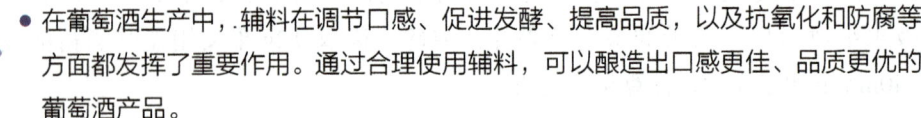

项目导学
- 在葡萄酒生产中，辅料在调节口感、促进发酵、提高品质，以及抗氧化和防腐等方面都发挥了重要作用。通过合理使用辅料，可以酿造出口感更佳、品质更优的葡萄酒产品。

项目目标
- 知识学习目标：了解 SO_2 的来源，掌握 SO_2 在葡萄酒生产中的作用及用量，熟悉各种辅料的特点及作用。
- 技能培养目标：能够根据葡萄酒生产需要添加适量 SO_2 及其他各种辅料。
- 职业情感目标：激发学生探索 SO_2 在葡萄酒生产中的用量及添加不同辅料对葡萄酒的影响，培养工匠精神、创新意识和探索精神，能够不断学习新知识、新技术，提高自身的综合素质和工作能力。

相关知识

一、SO_2 在葡萄酒生产中的应用

在葡萄酒生产过程中，SO_2 几乎是不可缺少的一种辅料，起着极其重要的作用。在葡萄汁保存、葡萄酒酿制及酿酒用具的消毒杀菌过程中，常常需要添加 SO_2 或能产生 SO_2 的化学添加物，确保葡萄酒生产顺利进行。

（一）SO_2 的来源

1. 燃烧硫黄生成 SO_2 气体

硫黄燃烧会生成无色、令人窒息的 SO_2 气体，SO_2 易溶于水，是一种有毒的气体。生产中多使用硫黄绳、硫黄纸或硫黄块，对设备、生产场地和辅助工具进行杀菌。在熏烧时切忌将硫黄滴入容器内，否则葡萄酒会产生一种臭鸡蛋味。

2. SO_2 液体

气体 SO_2 在一定的压力或冷冻条件下可转化成液体，液体 SO_2 的相对密度为 1.43368，可贮藏在高压钢瓶内。使用时，通过调节阀释放出液体或气体 SO_2。液体 SO_2 可用于各个环节。在大型发酵容器中，加入 SO_2 液体最简单、方便。在良好的控制条件下，通过测量仪器，可将 SO_2 液体定量、准确地注入葡萄汁或葡萄酒中。

3. 亚硫酸

将 SO_2 通入水中，与水混合即生成亚硫酸。制造亚硫酸时，水温最好在5℃以下，这样可制得浓度在6%以上的亚硫酸。亚硫酸多用于冲刷酒瓶。添加亚硫酸会稀释葡萄汁或葡萄酒，因此，不主张在葡萄汁或葡萄酒中直接加入亚硫酸。

4. 偏重亚硫酸钾

偏重亚硫酸钾（$K_2S_2O_5$）又称焦亚硫酸钾，是一种具有亚硫酸味的白色结晶，理论上 SO_2 含量为57%（实际使用中按50%计），必须在干燥、密闭的条件下保存。使用前先研成粉末状，分数次加入软水中，一般1L水中可溶偏重亚硫酸钾50g，待完全溶解后再使用。

（二）SO_2 在葡萄酒生产中的作用

SO_2 在葡萄酒生产中的作用是多方面的，既可杀菌又可抗氧化，既可澄清又可促溶解，还能够增酸。正是由于 SO_2 所具有的多种作用，才使其成为葡萄酒发酵过程中不可或缺的重要生产辅料。

1. 杀菌防腐作用

在葡萄汁中，SO_2 可使部分微生物繁殖，抑制其他微生物的生长。被抑制生长的微生物大多数对葡萄酒酿造起不良影响，如果皮上的一些野生酵母、毒菌及一些其他杂菌；在 SO_2 作用下能够保持繁殖的微生物大多属于酵母类，特别是用于葡萄酒酿制的纯培养酵母，对 SO_2 的抵抗能力要比其他微生物强。根据葡萄的质量、外界的温度，使用适量的 SO_2 净化葡萄醪，能使优良酵母获得良好的生长条件，确保葡萄醪的正常发酵。

扫码看视频

2. 抗氧化作用

亚硫酸自身易被葡萄汁或葡萄酒中的溶解氧氧化，使其他物质（芳香物质、色素、单宁等）不易被氧化，阻碍了氧化酶的活动，具有停滞或延缓葡萄酒氧化的作用，对于防止葡萄酒的氧化混浊、保持葡萄酒的香气都很有好处。

3. 澄清作用

在葡萄汁中添加适量的 SO_2，可延缓葡萄汁的发酵，使葡萄汁获得充分的澄清。这种澄清作用对酿制白葡萄酒、浅红色葡萄酒及葡萄汁的杀菌都有很大益处。若要使葡萄汁在较长时间内不发酵，添加大量的 SO_2 就可推迟发酵。

4. 促溶解作用

将 SO_2 添加到葡萄汁中，它与水化合立刻生成亚硫酸，能够促进果皮色素成分的溶解。这种溶解作用对葡萄汁和葡萄酒色泽有很好的保护作用。

5. 增酸作用

在葡萄汁中添加 SO_2，可一定程度地抑制分解酒石酸、苹果酸的细菌，SO_2 又与苹果酸及酒石酸的钾盐、钙盐等作用，使它们的酸游离出来，增加了不挥发酸的含量。同时，亚硫酸被溶于葡萄汁或葡萄酒中的氧氧化为硫酸，也使酸度升高。

(三) SO_2 在葡萄汁和葡萄酒中的变化

将 SO_2 添加到水、果汁、水和酒精混合溶液或葡萄酒中，它首先与水化合生成亚硫酸，果汁中或者葡萄酒中的亚硫酸部分蒸发消失，少部分被氧化生成硫酸；没蒸发的亚硫酸与糖、色素、醛等化合生成不稳定的化合物。亚硫酸在酒中与醛化合生成乙醛亚硫酸；乙醛亚硫酸是一种对空气中的氧很稳定的化合物，但在酸或碱的作用下很容易分解。

亚硫酸与乙醛的化合反应完成后，剩余的亚硫酸和糖（醛糖）发生化合反应，生成葡萄糖亚硫酸等。亚硫酸和糖化合反应的速度比与醛反应的速度要慢得多，并且得到的化合物会很快分解。亚硫酸与糖（醛糖）化合的反应是可逆的，且很快就能达到平衡状态。除此之外，亚硫酸还可与色素、果胶质、酮类、酚类等化合，生成亚硫酸的加成化合物。

由此可见，葡萄汁或葡萄酒中的亚硫酸总是以两种形式存在：一种是游离亚硫酸；另一种是化合亚硫酸，游离亚硫酸和化合亚硫酸在葡萄汁或葡萄酒中存在不稳定的平衡。

亚硫酸在葡萄汁或葡萄酒中的化合反应开始时速度很快，但很快就慢下来，如葡萄汁用亚硫酸处理 5min 后，几乎有一半的亚硫酸变为化合状态；2d 以后，化合亚硫酸占 60%~70%；经过 10d，化合亚硫酸约占 90%。亚硫酸变为化合亚硫酸后防腐性明显降低，但当平衡稍有破坏时，如游离的亚硫酸被氧化为硫酸，化合亚硫酸就会分解为游离亚硫酸，达到新的平衡。因此，可将化合亚硫酸看成游离亚硫酸的贮备物，通过调节这种平衡（如调节氧化过程控制葡萄汁的成分、温度及控制 SO_2 的添加量等），来保持葡萄汁或葡萄酒中一定含量的游离亚硫酸。

在葡萄汁或葡萄酒中添加 SO_2 有增酸的作用，这可从两个方面理解：一是游离亚硫酸被氧化为硫酸，生成的硫酸没以游离态存在，而是从有机酸盐中置换出有机酸，提高了有效酸度；二是由于亚硫酸部分与乙醛化合生成乙醛亚硫酸，而乙醛亚硫酸具有较强的酸性，乙醛亚硫酸的存在也提高了有效酸度。

SO_2 作为一种能逐渐吸收溶解氧（在二价铁或有单宁存在的条件下效果更显著）的物质，在葡萄酒或葡萄汁中能够被强烈氧化，减少了葡萄醪中溶解氧的含量，降低了氧化还原电位。SO_2 首先接受氧化，使其他物质（芳香物质、色素等）不可能立即被氧化，阻碍了氧化酶的活动，停滞或延缓了葡萄汁或葡萄酒的氧化。也可以说，在一定的封闭和贮藏条件下，葡萄酒的还原程度取决于葡萄汁或葡萄酒中 SO_2 的含量。红葡萄酒中单宁含量高，单宁也起到一定的阻碍氧化的作用，因此红葡萄酒中 SO_2 的添加量一般少于白葡萄酒。

亚硫酸可使葡萄的色素变为无色。因此，有色葡萄酒或葡萄汁被亚硫酸处理后，色泽变得很浅或无色。原理是酒中的亚硫酸被蒸发或氧化，破坏原先的化学平衡，和色素化合的亚硫酸被分解，色素被还原。

在葡萄酒中，亚硫酸与乙醛的化合减少了游离乙醛所具有的不愉快的苦味，从这一点讲，亚硫酸对酒的风味有好的影响。但随着游离 SO_2 的氧化，亚硫酸与乙醛形成的化合物会因化学平衡的破坏而被解离，生成部分游离乙醛，又给葡萄酒带来乙醛的苦味。在工艺上，要控制加入酒中的 SO_2 的量，待葡萄酒换桶时消耗 SO_2，以阻止乙醛释出。酿制白兰地则与此相反，因为对于蒸出的原酒，乙醛在贮藏过程中，起着重要的作用，且乙醛须处在游离状态，而乙醛亚硫酸则会对白兰地的风味起不良的影响。

（四）SO_2 在葡萄汁或葡萄酒中的用量

SO_2 在葡萄汁或葡萄酒中的用量要视添加 SO_2 的目的而定，同时也要考虑葡萄的品种、葡萄汁及酒的成分（如糖度、pH 等）、品温及发酵菌种的活力等因素。SO_2 加入葡萄汁或葡萄酒中，与酸、糖等物质化合，形成部分化合状态的亚硫酸，杀菌防腐能力下降。化合态亚硫酸的形成量与酒中的酸、糖的含量和品温的升高成正比，酿造葡萄酒时使用的纯培养酵母对 SO_2 的抵抗力比野生酵母、霉菌和杂菌强。一般葡萄汁或葡萄酒中含有万分之一的游离状态的 SO_2 就足以杀死活细菌。使用洁净葡萄生产的良好葡萄汁，酸度为 8g/L 以上，酿酒品温较低时，SO_2 的用量少；使用洁净、完全成熟的葡萄生产的良好葡萄汁，酸度为 6~8g/L，酿酒品温较低时 SO_2 的用量适中；使用个别生霉、破裂的葡萄生产的葡萄汁，SO_2 的用量一般应高出良好葡萄汁发酵用量的 2 倍以上。

SO_2 用量不可过大，要分多次使用，且每次用量要少，在有把握的情况下能够少用或不用更好。使用 SO_2 量过多时，可将葡萄汁或葡萄酒在通风的条件下过滤或者适量通入氧，均可排出或降低 SO_2 的含量。

在发酵过程中，CO_2 的产生使 SO_2 大部分释放到空气中，因此发酵完成后新酒中 SO_2 的含量会降低。为保证葡萄酒的质量，在葡萄酒换桶时，酒液还没有完全澄清，可加入适量 SO_2，促使酒液澄清和防止酒氧化。

二、葡萄酒生产中其他辅料的应用

葡萄酒生产中除常用 SO_2 外，还要使用一些其他辅料。使用辅料的目的主要在于防止杂菌污染，清除生产设备的异味，提高葡萄汁和葡萄酒的抗氧化能力或使葡萄酒澄清等。使用的辅料应符合下列基本要求：

第一，辅料必须经过食品安全性毒理学评价程序，证明在使用范围内对人体无害。

第二，加入葡萄汁或葡萄酒中的辅料应符合国际葡萄与葡萄酒组织规定的葡萄酿酒辅料标准，有害杂质不能超过允许限量。

第三，特殊酒可添加许可的辅料，但不能使用辅料来掩盖酿造葡萄酒的质量缺陷。

第四，根据工艺需要和产品销售地的法规，合理选择辅料及其使用方式和用量。

（一）洗液

在设备检修过程中需要根据不同的情况配制一些洗液。

1. 5% 的热氢氧化钠溶液

称取 50kg 碳酸钠加入 950kg 的热水中，即制成 5% 的热氢氧化钠溶液。这种洗液主要用于清除旧木桶的酸味。

2. 脱色液

5%的硫酸10000kg与1kg高锰酸钾混合,即制成脱色液,用于除去发酵桶中的色素和异臭味。

3. 1.5%硫酸溶液

量取5.4L相对密度为1.84的浓硫酸,注入94.6L的水中即可制成1.5%硫酸溶液。它主要用于除去新桶材料中的各种可溶性金属离子,使木材酸化,以适应葡萄酒酿造的需要。

4. 100g/L氯化钙溶液

在10L水中加入1kg的氯化钙制得。该液不宜与设备长时间接触,用其处理后立即用大量水冲洗干净,以免污染酒,带有氯味。

5. 石灰水

在10L水中加入0.5~1kg的生石灰,制成石灰水,石灰水中的氢氧化钙容易沉淀,因此用其清洗桶时,需要不断搅拌才能达到洗涤效果。

6. 酸性亚硫酸钙溶液

酸性亚硫酸钙溶液一般使用10g/L和100g/L两种浓度,在1L水中分别加入10g或100g酸性亚硫酸钙即可制成。清洗时,设备情况较好的,使用1%酸性亚硫酸钙溶液;设备情况不太好的,使用10%酸性亚硫酸钙溶液。

(二)其他酿造辅料

为了确保葡萄酒品质和风味的稳定,生产中常添加一些辅料。这些辅料的添加必须符合国际葡萄与葡萄酒组织颁布的葡萄酿酒辅料标准。

1. 主要添加剂及其使用

1)食用酒精用于容器、管道灭菌,调整酒精度及原酒封口。

2)磷酸氢二铵用作酵母营养剂。

3)维生素C用作葡萄汁(酒)抗氧剂、酵母营养剂。

4)白砂糖用于调整葡萄汁和葡萄酒的糖度,添加量不得超过产生酒精2%(体积分数)的数量。

5)柠檬酸用于清洗设备、管道,调整葡萄汁或原酒的酸度。

6)偏酒石酸用于防止酒石酸氢钾及酒石酸钙的沉淀。

7)碳酸钙用于葡萄汁降酸。

8)亚硫酸用于葡萄汁、葡萄酒抗氧化,杀菌、抑菌。

9)焦亚硫酸钾用于葡萄汁、葡萄酒的抗氧化、杀菌、抑菌。山梨酸用于葡萄汁抑菌。

10)果胶酶用于加速果汁澄清,促进色素和芳香物质溶解。

11)维生素B_1(硫胺素)用于加速酒精发酵、防止形成能与SO_2结合的物质。

12)阿拉伯树胶处理防止铜盐破败和出现轻微的三价铁破败,用量不得超过0.3 g/L。

2. 气体

1）SO_2 用于葡萄醪（汁）杀菌、抑菌，葡萄汁（酒）抗氧化。

2）N_2、CO_2 用于原汁、原酒隔离 O_2，防止氧化变质或需氧菌的繁殖。

3）无菌空气用于酵母培养。

3. 助滤剂、澄清剂

1）硅藻土助滤剂。

2）皂土澄清剂用于防止蛋白质和铜元素的破败。

3）活性剂用于白葡萄酒脱色、脱苦味。

4）明胶、鱼胶、蛋清、单宁、血粉等用于下胶帮助澄清。

4. 菌种

1）酵母。酿造葡萄酒可采用自然发酵，添加培养酵母，购买商品活性干酵母或液体酵母。

2）乳酸菌。可用于启动苹果酸-乳酸发酵、改善风味、降酸、提高生物稳定性。

5. 洗涤剂

1）氢氧化钠溶解有机物能力好，皂化力强，杀菌效果好，使用浓度为 1%。

2）柠檬酸用于洗涤设备、容器、管道，使用浓度为 2%。

3）二亚硫酸钾用于洗涤发霉管道，使用浓度为 0.2%。

4）亚硫酸用于洗涤设备、清洗水泥沟渠等，使用浓度为 1%~2%。

6. 葡萄酒中不允许使用的添加物

葡萄酒中不允许使用的添加物主要有增稠剂、糖精、甜蜜素、果糖的代用品、香料和香精、天然香料或香料提取物（除加香葡萄酒外）、合成色素、调味品。

7. 应用举例

（1）山梨酸 山梨酸是一种不饱和脂肪酸，无毒性，能被人体完全吸收。山梨酸对酵母等真菌具有抑制作用，可防止葡萄酒瓶内再发酵。山梨酸在酒精溶液中溶解性低，一般用易溶解的山梨酸钾代替。我国规定添加山梨酸只限在灌装前短时间内进行。山梨酸和山梨酸钾同时使用时，以山梨酸计，使用不超过 0.2g/L。有些国家不允许使用。

（2）维生素 C 维生素 C 能吸收氧，50mg 能够吸收 3.5mL 氧，可用于防止酒中香气成分的氧化，也能防止铁的氧化，避免铁破败病发生。葡萄中只有少量维生素 C，发酵后葡萄酒中维生素 C 消失，在灌装时与 SO_2 配合使用可缩短红葡萄酒瓶内病害的持续时间（用量为 20mg/L）；添加到起泡酒原酒中可改善口味，防止氧化。维生素 C 必须在灌装时加入，用量不应超过 0.1g/L。

（3）酵母皮 葡萄酿酒用的酵母皮是由从甜菜废糖蜜上培养的酒类酵母制得的。为避免发酵停止，国外常在葡萄汁中加入酵母皮。将酵母皮加入葡萄汁或葡萄酒中，能吸收一些酵母在增殖过程中产生的有害物质，使发酵过程能够顺利进行。酵母皮的使用剂量不应超过 0.4g/L。红葡萄酒发酵过程中添加酵母皮量为 0.2g/L；白葡萄酒酿酒桶底使用酵母皮量为 0.2~0.4g/L。

（4）乳酸菌　有些葡萄酒在生产中，需添加乳酸菌实现苹果酸 – 乳酸发酵，改善酒的风味。这就要求添加的乳酸菌必须是从葡萄、葡萄汁、葡萄酒或葡萄的其他制成品中分离出来的。活性乳酸菌含量大于或等于 1×10^8 个 /mL 或 1×10^7 个 /mL。

知识拓展

2015 年 5 月 29 日，习近平总书记在中共中央政治局第二十三次集体学习时指出：要切实加强食品药品安全监管，用最严谨的标准、最严格的监管、最严厉的处罚、最严肃的问责，加快建立科学完善的食品药品安全治理体系，坚持产管并重，严把从农田到餐桌、从实验室到医院的每一道防线。

因此，生产中要严格把控葡萄酒生产中辅料的使用，严守食品安全警戒线。

学习评价

学习评价单

序号	评价内容及分值	评价标准	学生自评 10%	小组互评 10%	教师评价 60%	企业评价 20%
1	学习方法 10 分	课前完成必备知识的自学；课中认真观察思考，并主动操作实践；课后归纳反思				
2	学习态度 20 分	工作态度端正，具有吃苦耐劳、诚实守信、认真负责的品质，对知识和技能能够认真学习、钻研				
3	沟通表达 10 分	能够及时与同组成员及指导教师、技术人员沟通交流				
4	合作能力 10 分	团队协作意识强				
5	创新实践 10 分	能够结合实际实训情况进行操作				
6	职业能力 10 分	能够根据葡萄酒生产需要添加适量 SO_2 及各种辅料				
7	学习成果 30 分	在葡萄酒生产过程中能准确计算需要添加 SO_2 及各种辅料的量并选用适当的添加方法				
		合计				

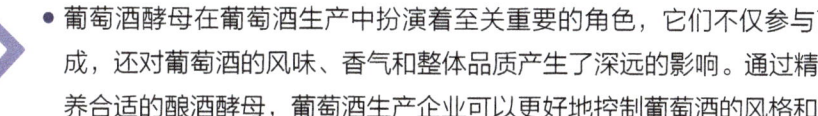

项目五
葡萄酒酵母与葡萄酒酿造机理认知

项目导学
- 葡萄酒酵母在葡萄酒生产中扮演着至关重要的角色，它们不仅参与了酒精的生成，还对葡萄酒的风味、香气和整体品质产生了深远的影响。通过精心选择和培养合适的酿酒酵母，葡萄酒生产企业可以更好地控制葡萄酒的风格和质量。

项目目标
- 知识学习目标：了解葡萄酒酵母的生长特性、葡萄酒的酿造机理、影响酵母繁殖和发酵的因素。
- 技能培养目标：能够对葡萄酒酵母进行扩大培养，针对发酵过程中出现的问题可以及时处理。
- 职业情感目标：激发对酵母发酵的兴趣，培养其探索精神。

相关知识

一、葡萄酒酵母

（一）葡萄酒酵母的种类

酵母广泛存在于自然界中，喜聚集于植物的分泌液中。在成熟的葡萄上附着有大量的酵母细胞。在利用自然发酵酿造葡萄酒时，这部分附着在葡萄上的酵母在酿酒过程中起主要发酵作用。目前，从葡萄、葡萄酒中分离出的酵母，分属于25个属、约150个种，人们将葡萄汁中分离出来的酵母分为下述3类：

扫码看视频

1）在发酵过程中起主要发酵作用的酵母。这类酵母发酵力强，耐酒精性好，产酒精能力强，生成有益的副产物多，习惯上称其为葡萄酒酵母。

2）在成熟葡萄上或葡萄汁中数量占大多数，但发酵能力弱的一类酵母。这类酵母的数量与第一类酵母的数量比可高达1000∶1，假丝酵母、克勒氏酵母、梅氏酵母和圆酵母等都属于这类酵母。

3）产膜酵母。产膜酵母是一种好氧性酵母，当发酵容器未灌满葡萄汁时，产膜酵母便会在葡萄汁液面上生长繁殖，使葡萄酒变质。因此，这类酵母在生产中被看成不良酵母。

（二）葡萄酒酵母的来源

葡萄酒酿造需要的酵母主要来源于3个方面：一是成熟果皮和果梗上附着的野生酵

母,在压榨时被带入葡萄汁里;二是添加纯培养的葡萄酒酵母到葡萄汁中;三是发酵设备、场地和环境中的酵母,在葡萄汁生产和发酵过程中混入。据研究,成熟的葡萄皮上 $1cm^2$ 约有 5 万个酵母细胞。在葡萄收获的季节,黄蜂和果蝇是酵母传播的重要媒介。昆虫吸吮果汁时,在口器、足及肢体上残留的果汁,恰好为酵母提供了良好的繁殖条件。这些携带有酵母的昆虫从破损的葡萄爬到没有破损的葡萄上,酵母侵染的范围随之扩大。当黄蜂在葡萄上钻孔时,酵母便会从小孔钻入果实内部,致使有些葡萄还在葡萄架上就已开始发酵了。常年栽培葡萄的地区,酵母数量年年增长,逐渐适应了果园气候与葡萄特性,起到了天然筛选作用。新辟葡萄园或栽植少量葡萄的地区,土壤中酵母数量少、质量差,采用天然发酵则效果不佳。

葡萄破碎和压榨过程中,附着酵母的果皮和果梗与葡萄汁相互接触,酵母落入葡萄汁中。在发酵过程中,酵母吸收葡萄汁中的各种营养物质,不断增殖,并开始发酵。当酵母增殖到一定程度时,葡萄汁中的溶解氧消耗殆尽,酵母的繁殖基本停止,发酵能力逐步达到高峰。一些发酵能力弱的酵母由于其耐酒精性差,随着酒精浓度的不断升高而死亡,发酵能力强的葡萄酒酵母的比例相应增加,到发酵结束时已占绝对优势;葡萄汁内的尖端酵母(柠檬形酵母)对亚硫酸十分敏感,添加亚硫酸后它几乎被全部杀死。

另外,葡萄酒酿造设备也是酵母繁殖的场所,发酵桶、盛酒容器及管路都有大量酵母存在。不过,这部分酵母对葡萄酒酿造的作用不大。

(三)优良的葡萄酒酵母

在葡萄酒的生产过程中,越来越广泛地使用纯培养的优良酿酒酵母代替野生酵母发酵。优良的葡萄酒酵母应满足以下 7 个基本条件:

1)具有很强的发酵能力和适宜的发酵速度,耐酒精性好,产酒精能力强。
2)抗 SO_2 能力强。
3)发酵度高,能满足干葡萄酒生产的要求。
4)能协助产生良好的果香和酒香,香气悦人。
5)生长、繁殖速度快,不易变异,凝聚性好。
6)不产生或极少产生有害葡萄酒质量的副产物。
7)发酵温度范围广,低温发酵能力强。

(四)葡萄酒酵母的形态

葡萄酒酵母与啤酒酵母在细胞形态和发酵能力方面有差别,生物学上将葡萄酒酵母称为啤酒酵母葡萄酒酵母变种(*Saccharomyces cerevisiae* var. *ellipsoideus*)。葡萄酒酵母在葡萄汁中会产生葡萄香或葡萄酒香,即使在麦芽汁中也会产生以上香气。在含糖的溶液中繁殖,液体先呈现薄雾状,继而形成灰白色沉淀。葡萄酒酵母能分泌转化酶,可发酵蔗糖,可用于葡萄酒、果酒、醋和酒精等的生产。

葡萄酒酵母为单细胞真核生物,细胞形态呈圆形、椭圆形、卵形、圆柱形或柠檬形。

由于生长阶段、生长环境的不同，细胞大小会有较大差异。直接参与葡萄酒发酵的酵母通常为 $7\mu m \times 12\mu m$。发酵葡萄浆时，葡萄酒酵母以多端出芽的无性繁殖为主。

葡萄酒酵母在葡萄汁固体培养基上的菌落呈乳白色，不透明，但有光泽，菌落表面光滑、湿润，边缘较整齐。随着葡萄酒酵母培养时间的延长，菌落光泽逐渐变暗。菌落一般较厚，容易被接种针挑起。

葡萄酒酵母细胞在对数生长期呈浅黄色，进入发酵旺盛期后呈黄色或褐色，细胞体积开始逐渐缩小，死亡细胞的细胞壁常会弯曲萎缩，形成一些不规则的小球体。

（五）葡萄酒酵母的选育和纯培养

在自然条件下，葡萄汁中发酵能力强的葡萄酒酵母只占少数，这样就使得发酵周期延长，发酵过程也不易控制。为加快发酵速度、确保葡萄酒的质量和风味，需要从野生酵母中选育出优良的葡萄酒酵母菌株，经纯培养后接入葡萄汁中进行发酵。

1. 葡萄酒酵母的选育

从葡萄园土壤、发酵场地与设备选取，或从葡萄汁和自然发酵的酒醪中采样，以葡萄汁琼脂培养基为筛选培养基，筛选酵母。对筛选出的数株葡萄酒酵母进行理化分析测定，测定内容包括：发酵力与产酒率，热死温度，对酒精、SO_2 的抵抗能力等。经过分析比较，最后选出优良的葡萄酒酵母菌株。

2. 葡萄酒酵母的纯培养

葡萄酒酵母的纯培养采用平板划线分离法。取 1mL 发酵液用无菌水稀释，在无菌条件下，用接种针挑取适当稀释的菌液，在培养皿中划线接种，然后倒置，在 25℃ 左右的温度下培养，3~4d 后出现白色菌落，再移植到无菌葡萄汁中培养。选取呈葡萄酒酵母形态、繁殖速度快的数株酵母，进行一系列鉴定工作后，可能获得较为理想的纯培养葡萄酒酵母菌种。

（六）葡萄酒酵母扩大培养和天然酒母的制备

1. 葡萄酒酵母扩大培养工艺

葡萄酒酵母纯培养一般在葡萄酒发酵开始 10~15d 进行。由菌种活化到生产酵母，需经过数次扩大培养。葡萄酒酵母扩大培养工艺流程见图 5-1。

原种 → 麦芽汁斜面试管菌种 → 液体试管菌种 → 三角瓶菌种 → 大玻璃瓶（卡氏罐）菌种 → 酒母罐菌种

图 5-1 葡萄酒酵母扩大培养工艺流程

2. 葡萄酒酵母扩大培养步骤

（1）液体试管培养 采选数穗熟透的好葡萄，制得新鲜的葡萄汁，装入数支灭过菌的试管，装入量为试管 1/4。在 58.8kPa 的蒸汽压力下，灭菌 20min，冷却至 28℃ 左右，接入葡萄酒酵母，在 25~28℃ 下培养 1~2d，发酵旺盛时转入三角瓶培养。

（2）三角瓶培养　在500mL的三角瓶中加入100mL葡萄汁，在58.8kPa的压力下灭菌，于25~28℃接入250mL液体试管酵母菌，培养1~2d。

（3）大玻璃瓶培养　取10L左右的大玻璃瓶，用150mg/L的SO_2杀菌后，装入6L葡萄汁，用58.8kPa的蒸汽灭菌（加热或冷却时要缓慢，否则玻璃瓶易破碎），冷却至室温，接入7%的三角瓶菌种，于20℃左右培养2~3d。

（4）酒母罐培养　在葡萄汁杀菌罐中，通入蒸汽加热到葡萄汁温度为70~75℃，保持20min后，在夹套中通冷却水使其降到25℃以下，将葡萄汁打入已空罐杀菌后的酵母培养罐中，加入SO_2 80~100mg/L，用酸性亚硫酸钾或偏重亚硫酸钾，对酵母进行亚硫酸驯养。接入2%的大玻璃瓶菌种，通入适量无菌空气，培养2~3d，当发酵达到旺盛时，葡萄酒酵母扩大培养即告结束，此时的培养液即为酒母，可将其接入生产葡萄汁中。

（5）酒母用量　酒母的用量与采用的发酵方法有直接关系，绝对纯粹发酵的酒母用量较相对纯粹发酵高。一般在初榨期，绝对纯粹发酵酒母用量为2%~4%，若葡萄已破裂、长霉或有病害，则要加大接种量；相对纯粹发酵酒母用量为1%~3%。经过几批发酵以后，发酵容器上附着大量的葡萄酒酵母，酒母用量可减到1%。添加酒母必须在葡萄汁加SO_2后4~8h，以避免游离SO_2影响酒母正常的发酵作用。

目前，仍然有不少厂家采用自然发酵工艺来生产葡萄酒。方法为取完全成熟的清洁优质葡萄，加0.05% SO_2或0.12%偏重亚硫酸钾，混合均匀后，置于温暖处，任其自然发酵。经过一段时间发酵，当酒精含量达到10%时，即可用作酒母。若酒精含量低于10%，则发酵能力弱的尖端酵母占多数；只有当酒精含量达到10%时，发酵力强的葡萄酒酵母才能占到绝对优势，此时其他发酵力弱、耐酒精性差的酵母大多失去活性，得到的天然酒母可以看成葡萄酒酵母的扩大培养液。

在葡萄酒的生产过程中，也可以接入一部分处于发酵旺盛期的发酵液代替酒母，省掉天然酒母的培养过程。

二、葡萄酒酿造机理

（一）酒精发酵机制

酵母的酒精发酵过程为厌氧发酵，如果有空气存在，酵母就不能完全进行酒精发酵，而会部分进行呼吸作用，把糖转化为CO_2和水，使酒精产量减少。因此，葡萄酒的发酵要在密闭无氧的条件下进行。这种现象首先被法国生物学家巴斯德发现，称为巴斯德效应。酒精发酵可以分为4个阶段：

1）葡萄糖磷酸化生成活泼的1,6-二磷酸果糖。

2）1分子1,6-二磷酸果糖分解为2分子磷酸丙糖（3-磷酸甘油醛和磷酸二氢丙酮的平衡混合物，两者可通过异构酶相互转化）。

3）3-磷酸甘油醛转变为丙酮酸。

4）丙酮酸脱羧生成乙醛，乙醛在乙醇脱氢酶的催化下，还原成酒精（乙醇）。

葡萄糖发酵生成酒精的总反应式为：
$$C_6H_{12}O_6 + 2ADP + 2H_3PO_4 \rightarrow 2CH_3CH_2OH + 2CO_2 + 2ATP + 2H_2O$$

（二）副产物的生成

在葡萄酒的酿造过程中，除生成酒精和 CO_2 外，还生成一些微量物质。这些微量物质对葡萄酒的质量和风味常常起着决定性的作用，习惯上把它们统称为葡萄酒发酵的副产物。这些副产物按代谢途径可分为初级副产物和次生副产物。

1. 初级副产物

初级副产物是指酒精发酵过程中积累的中间产物，或者是由简单的生物化学反应（如氧化还原反应）生产的副产物，如乙醛、丙酮酸、乙酸乙酯等；三羧酸循环过程中生成的中间产物，如柠檬酸、延胡索酸、苹果酸等也包括在初级副产物中。

2. 次生副产物

次生副产物为经次级代谢过程才能生成的物质，如高级醇、高级脂肪酸等。还包括其他来源产生的物质，如葡萄汁中含有的果胶类物质的分解物等。葡萄酒发酵过程中形成的副产物很多，这里只介绍最主要的一些副产物。

（1）甘油　甘油是一种三元醇。纯甘油无色、无臭、味微甜，是一种黏稠的液体，对葡萄酒的酒体和风味的形成具有重要作用。研究表明，甘油是决定葡萄酒质量的重要成分之一，适量甘油的存在能改善葡萄酒的质量，形成良好的口感和增加酒的醇厚感，并可增加酒的黏度。甘油在较高浓度时呈甜味。因此，甘油是一种很重要的葡萄酒内容物。

甘油由磷酸二羟丙酮酸转化而来。甘油的生成量随着发酵葡萄汁中含糖量的增加而增加；发酵醪中甘油与酒精的比例，随着葡萄汁中糖度的增加而增加；另外，染有葡萄孢霉的葡萄酒，由于在发酵过程中受杂菌的影响，产酒精量略低，其甘油含量较一般葡萄酒含量高。因此，精制葡萄酒中的甘油有两个主要来源：一是酵母发酵过程中产生的甘油；二是葡萄孢霉代谢产生的甘油。

（2）有机酸　葡萄酒在发酵中还会产生许多有机酸，重要的有乳酸、醋酸、柠檬酸、琥珀酸、苹果酸、酒石酸等。

1）乳酸。乳酸由糖酵解过程中的中间产物加氢生成，主要是由丙酮酸加氢生成。酵母正常发酵时产生的乳酸量比较少，为100~200mg/L，其中大部分是D-乳酸，另有一小部分是L-乳酸。乳酸在葡萄酒的外加酸中，是添加效果最好的单一酸。等量的乳酸和柠檬酸是混合酸中添加效果最好的。

2）醋酸。醋酸是葡萄酒中含量较高的一种有机酸，由乙醛脱氢酶将乙醛直接氧化而成。醋酸有一定的酸味，含量高时，具有不利的感官效应。醋酸的产生往往与醋酸菌的污染有关。酵母繁殖和开始发酵时，葡萄汁中含有一定量的溶解氧，也会产生一些醋酸。美国法规对于葡萄酒中醋酸的限量为白葡萄酒 1.2g/L，红葡萄酒 1.4g/L。

3）柠檬酸。葡萄酒中柠檬酸的含量大约为 0.5g/L。葡萄酒中的柠檬酸只有一部分是由酵母代谢产生的，柠檬酸也是三羧酸循环中的一个有机酸，属于糖代谢的中间产物，还有相当一部分柠檬酸来自葡萄汁。葡萄酒中还含有较多的琥珀酸、苹果酸和酒石酸，同柠檬酸一样也是来自三羧酸循环和葡萄汁。但这些有机酸在葡萄酒酿造中作用不大。

（3）高级醇　在发酵生产中，习惯上将高级醇称为杂醇油，其主要成分为异戊酸、活性戊酸、异丁醇和正丙醇等。高级醇在酒精生产中被看成杂质，而在酒的生产中它是不可替代的风味物质。高级醇可以是氨基酸代谢的副产物，也可以利用合成相应氨基酸的糖代谢途径产生。通过发酵生产的葡萄酒中的高级醇主要是由葡萄汁中的糖代谢产生的，如3-甲基丁醇及很有代表性的异丁醇，就是由发酵的中间产物丙酮酸或乙醛生成的。

高级醇主要由糖代谢生成，一般情况下，葡萄汁的质量越好，其含糖量越高，高级醇的浓度就越高。在葡萄酒中数量很少的己醇有木头味和青草气味，它大部分由不饱和长链脂肪酸亚油酸和亚麻酸分解生成，小部分由酵母代谢生成。

（4）甲醇　甲醇是一种一元醇，主要在酶分解果胶类物质时产生。在发酵过程中，果胶被果胶甲基酯酶分解，释放出甲醇。红葡萄酒生产中，皮渣与果汁接触时间长，果胶溶出多，因此红葡萄酒中甲醇含量一般都高于白葡萄酒。一些特种白葡萄酒也由于浸泡或浸渍香料或药材，而使酒中甲醇含量增加。在通常情况下，微量的甲醇不会对人的健康造成不良影响，反而会改善酒的风味。

（5）果胶分解物　酵母能分解果胶，使果胶大分子分解为小分子物质，发酵液的黏度下降。对葡萄酒酿造来说，发酵时酵母对果胶的分解在工艺上具有十分重要的意义。若果胶在发酵过程中未被充分分解，新葡萄酒黏度大，过滤则会变得相当困难。生产中可加入果胶酶来帮助果胶的分解。果胶分解可产生半乳糖醛酸，葡萄酒中游离半乳糖醛酸的含量为0.3~2.0g/L，一般为0.4~1.3g/L，只有少数几种甜葡萄酒才超过2g/L。

（6）酯　酯主要是在发酵或陈酿过程中由有机酸和酒精生成，如醋酸和酒精生成的醋酸乙酯。

在酸和醇化合生成酯的过程中，有些有机酸比较容易与酒精化合形成酯，有些则较难合成。葡萄酒中各种有机酸的酯化都是单独进行的，各有其特性，对改良葡萄酒的风味也有不同的效果。一般来讲，乳酸与酒精生成乳酸乙酯的速度比较快些，而一些相对分子质量大的有机酸生成酯的速度则较慢。葡萄酒中的酯可分为两类：中性酯和酸性酯。中性酯大部分由生化反应生成，如由酒石酸、苹果酸和柠檬酸生成的中性酯。1mol酒石酸和2mol酒精通过化学反应可以生成酒石酸二乙酯。酸性酯多是在陈酿过程中由醇和酸直接化合生成的。通常情况下，葡萄酒中所含有的中性酯和酸性酯约各占1/2。

葡萄酒中酯的含量除了受葡萄汁的质量与酿造工艺的影响外，葡萄酒的贮藏期也是其中重要的影响因素。新葡萄酒的酯含量一般为176~264mg/L，陈年老酒的酯含量可达792~880mg/L。酯在葡萄酒贮藏的前两年生成最快，以后生成速度逐渐变慢。酯属于芳香物质，在葡萄酒中所占比例虽然不高，但对酒的口味、质量有明显的影响。通常葡萄酒的酯含量高，酒的口感就好，酒的质量也高。

（7）醛和酮　许多羰基化合物和酯类一样，对葡萄酒的气味和口味有显著影响。游离的醛和酮都可看作芳香物质。醛类中最重要的是乙醛。乙醛是发酵生成酒精的中间产物，发酵旺盛期的葡萄发酵醪中，乙醛的含量是最高的。之后随着发酵和贮藏时间的延长，乙醛浓度逐渐降低。当乙醛浓度超过阈值时，会使葡萄酒出现氧化味；当乙醛浓度略低于阈值时，则可增进葡萄酒的香气。葡萄酒中还可检测出其他的醛类、酮类物质，如异丁醛、正丙醛、丁醛、己醛及丙酮等。

三、影响酵母繁殖和发酵的因素

葡萄酒的酿造是依赖于葡萄酒酵母的发酵作用进行的。和其他一切生物一样，酵母的生长、代谢也受周围环境的影响。在葡萄酒的酿造过程中，发酵温度、发酵醪酸度（pH）、糖度和渗透压、CO_2及压力、单宁、氮、酒精浓度、SO_2浓度等因素都能直接影响发酵的进程和成品葡萄酒的质量，充分了解各种因素对葡萄酒发酵的影响，是掌握和控制最适当的葡萄酒酿造条件、生产优质葡萄酒的基础。

（一）温度

葡萄酒酵母繁殖和发酵的适宜温度为26~28℃，发酵温度高于或低于此温度，都会妨碍酵母菌的正常代谢活动。

1. 高温发酵

当发酵温度不超过35℃时，葡萄酒的发酵速度随温度的升高而加快，发酵周期缩短，酵母活力高，发酵彻底，最终生成的酒精浓度高；超过这个温度范围，酵母的繁殖能力和代谢持久力就会受到影响；当温度达到37~39℃时，酵母活力已明显减弱；温度达到或超过40℃时，酵母停止出芽。葡萄酒生产中，发酵温度太高，酵母的代谢作用就会受到很大影响，甚至引起发酵中断，使发酵失败，这主要是由于在高温下，酒精抑制代谢活动的强度剧增，使酵母窒息。另外，高温时酿成的酒风味差、口感不佳，稳定性不好。因此，在葡萄酒生产尤其是优质葡萄酒的生产过程中，不能采用过高的发酵温度。

2. 低温发酵

现代化的葡萄酒厂大多将葡萄汁的发酵温度保持在22℃以下，一般不会超过25℃，在这样的发酵温度下，接入纯培养的酵母，酵母适应新环境的时间短，发酵速度较快，发酵进行得比较彻底；同时，低温有利于水果香酯的形成和保留，如15℃有利于辛酸乙酯和癸酸乙酯的生成，20℃有利于乙酸苯乙酯的生成；低温还利于色素的溶解，能减少葡萄酒的氧化。在葡萄酒的发酵过程中，为了使生产的葡萄酒获得良好的风味，常采用6~10℃或10~15℃的低温进行发酵。低温发酵的葡萄酒具有以下特点：

1）新酒口味纯正。醋酸菌、乳酸菌和野生酵母均喜高温，在低温下繁殖速度慢，代谢速度显著减缓。

2）酒精含量高。在低温下酵母活力保持持久，发酵速度适宜，酵母呼吸和合成细胞内容物消耗的可发酵性糖也较少，低温时酒精也不容易挥发。

3）CO_2含量高。低温下CO_2的溶解度高，且易溶于葡萄酒中，新葡萄酒中的CO_2含量较多，使葡萄酒清爽适口，老化速度减慢。

4）低温利于酯类物质的生成，酿制的葡萄酒口味丰满，芳香浓郁。

5）低温下微生物活动少，便于分离酒石，使葡萄酒澄清。

总之，葡萄汁低温发酵，能酿造出风味优雅、果香浓郁的优质葡萄酒。用含酸量少的果汁酿制果酒，也应选择较低的发酵温度。

（二）pH

发酵醪的pH或真正酸度，对各种微生物的繁殖和代谢活动都有不同的影响。pH也影响各种酶的活力。由于酵母比细菌的耐酸性强，为确保葡萄酒发酵的正常进行、保持酵母在数量上的绝对优势，葡萄酒发酵时，最好把pH控制在3.3~3.5；在这个酸度条件下，SO_2的杀菌能力强，杂菌的代谢活动受到抑制，葡萄酒酵母能正常发酵，也有利于甘油和高级醇的形成。当pH为3.0或更低时，酵母菌的代谢活动也会受到一定程度的抑制，发酵速度减慢，并会引起酯的降解。

一般发酵要求葡萄汁酸度为4~5g/L（以硫酸计），炎热地区生产的葡萄汁常糖度高而酸度不足（pH大于3.5，酸度小于4g/L），需进行调酸处理，使其达到发酵所需的酸度。

（三）糖度和渗透压

葡萄糖和果糖是酵母的主要碳源和能源，酵母利用葡萄糖的速度比果糖快。蔗糖先被位于细胞膜和细胞壁之间的转化酶在膜外水解成葡萄糖和果糖，然后再进入细胞，参与代谢活动。当没有糖存在时，酵母的生长和繁殖几乎停止；糖度适宜时，酵母的繁殖和代谢速度较快；当糖度继续增加时，酵母的繁殖和代谢速度会变慢。

葡萄汁中的糖度为1%~2%时，酵母的发酵速度最快；在正常情况下，葡萄汁中的糖度为16%左右时，可得到最大的产酒率；当葡萄汁的糖度超过25%时，葡萄汁的产酒率则明显下降。糖度高时影响发酵的正常进行，主要是由于葡萄汁渗透压的增大引起的。在糖度为25%的蔗糖溶液里，酵母的渗透压为2300kPa，而在糖度为25%的葡萄糖溶液里，酵母的渗透压为5800kPa。也就是说，酵母渗透压的大小取决于溶液里溶解的溶质分子数。随着溶液中糖度的增加，发酵逐渐受到抑制。

有些甜葡萄酒中酒精含量达到16%~18%，为了达到这样高的酒精含量，葡萄汁需要有很高的糖度，更需要筛选出能够耐高糖度、高酒精度的菌种。在糖度为50%的情况下，虽然发酵速度和最终酒精浓度低，但依然可以发酵。当使用葡萄汁进行自然发酵时，耐高渗透压的酵母起着引导发酵的作用。耐高渗透压酵母的发酵力较一般葡萄酒酵母的发酵力弱得多，发酵所需时间也长得多。当生产高酒精度的甜葡萄酒时，为了缩短发酵时间，可采取分若干次向葡萄汁中加糖的方法，使葡萄汁保持较低的糖度和渗透压，发酵速度快。若将糖一次全部加入，则发酵开始时酵母就在高渗透压下，生长和代谢活动受到阻碍，发酵时间相对较长。

（四）CO_2 及压力

CO_2 为正常发酵副产物，每克葡萄糖约产 260mg CO_2，发酵期间 CO_2 的逸出带走约 20% 的热量。挥发性物质也随 CO_2 一起释出，酒精的挥发损失为其产量的 1%~2%，芳香物质损失 25%，它们的损失量与葡萄品种和发酵温度有关。发酵产生的 CO_2 大部分逸散到空气中，只有很少量溶解，与水反应生成碳酸。碳酸在水中电离度很小，属于弱酸。但由于 CO_2 是酵母代谢的最终产物之一，它对酵母的代谢活动有着明显的影响。如果及时排出产生的 CO_2，保持较低的 CO_2 浓度，就会使发酵速度加快。CO_2 对酵母繁殖及葡萄酒发酵的影响，可归纳为以下两点：

1）CO_2 含量达到 15g/L（相当于压力为 720 kPa）时，所有酵母的繁殖都会停止。但酵母仍然可以进行缓慢的发酵活动。

2）当 CO_2 压力为 1400kPa 时，酒精的生成即告结束。当 CO_2 压力为 3000kPa 时，酵母就会死亡。

在葡萄酒生产过程中，可以利用 CO_2 对酵母发酵的抑制作用来调节发酵进行的速度。例如，当使用发酵罐生产时，在发酵初期，关闭排气阀，罐内 CO_2 压力不断升高，抑制了酵母的繁殖，而此时 CO_2 对酵母的代谢活动抑制很弱，发酵过程进行迅速，糖的损耗降低，单位糖产酒精多。这种生产方法较适合于半干葡萄酒或甜葡萄酒的生产。德国、南非、澳大利亚等国就采用加压发酵生产半干葡萄酒。

（五）单宁

葡萄汁里含有一定量的单宁，单宁的量因葡萄成熟程度、葡萄品种和加工方法等不同有较大差异。单宁能使蛋白质凝固沉淀和变性。葡萄酒酵母耐单宁的能力较强，据测定，加入单宁量超过 4g/L 时，发酵才开始受阻；达到 10g/L 时，严重抑制酵母的发酵作用并使酵母迅速死亡。这是由于过多的单宁在发酵过程中吸附在酵母细胞的表面，妨碍原生质的正常代谢，阻碍了细胞膜透析的顺利进行，使发酵作用和酶的作用停止。

多羟基酚和单宁在葡萄酒发酵过程中不断减少，多羟基酚部分被酵母细胞吸收。红葡萄酒中的色素为多羟基酚葡萄糖苷，即花色素苷。各种酵母对花色素苷都有不同程度的分解，将酚类物质的糖苷释放出来为酵母吸收，或在葡萄汁内继续进行转化。在有色葡萄及红葡萄的压榨醪中，单宁及色素类物质含量高时，会使发酵作用迟缓以致发酵作用进行不完全。这种现象常常出现在葡萄酒主要发酵过程即将完毕时，通过捣池、醪液循环或换桶、通氧等措施，可使酵母恢复发酵活力，发酵得以继续进行。

（六）氮

酵母只能利用化合态氮，不能利用空气中的 N_2 代谢。在葡萄汁和其他果汁内，氮主要以氨基酸或蛋白质的形式存在。不同的果汁中各种氨基酸的比例也不尽相同。例如，葡萄汁中的精氨酸含量比较高，梨汁中含量较高的则是脯氨酸。

发酵过程中，大部分的氨基酸和其他可溶性含氮化合物（如维生素）被酵母吸收，还有一部分蛋白质则被酵母分解。一般来讲，葡萄汁中的含氮物质，可满足酵母的生长、繁殖和积累各种酶的需要；而有些果汁如草莓汁、苹果汁和梨汁等，由于含氮物质过低，不能满足酵母生长、繁殖的需要，因此，以苹果汁和梨汁等为原料生产果酒时，发酵比较困难。尤其是梨汁，所含的氮大部分是酵母菌难以利用的脯氨酸；如果不添加含氮物质，这些果汁的天然含氮量只能勉强使少数可发酵性糖发酵，产生5%~6%的酒精。若要把这类果汁酿造成酒精含量为13%左右的甜酒，必须经过二次发酵，还必须添加一部分氮，以繁殖足够量的酵母和生产足够的酶。在果酒酿造过程中，允许添加磷酸铵、硫酸铵和氯化铵等无机氮源，加入量不超过40g/L。

（七）酒精浓度

一般来讲，发酵产物对催化反应的酶活力都有阻碍作用。酒精对酵母发酵的阻碍作用，因菌株、酵母状态及温度而异。葡萄酒酵母对酒精有一定的耐受力。虽然大多数葡萄酒酵母都可发酵产生13%以上的酒精，但影响葡萄酒酵母繁殖的酒精临界浓度只有2%。酒精浓度为6%~8%时，能使酵母出芽生殖全部受到抑制。随着发酵液中酒精含量的不断增加，酵母的发酵作用逐渐减弱，并趋于停止。含糖量多的葡萄汁在适宜的条件下经过完全发酵，产生酒精的含量可高达17%~18%。

酒精对发酵活动的抑制作用与酵母的生长状态有很大的关系，酵母越健壮，酒精对酵母的抑制能力越低。酒精抑制酵母活性的能力随着发酵温度的提高而得以加强。发酵过程中，酒精的累积对酚类物质的浸出有重要意义。红葡萄酒典型的滋味与颜色就是酒精浸提出黄酮和花色苷的结果。加入SO_2使得酒精的浸提作用明显加强。

（八）SO_2浓度

只有游离SO_2才具有杀菌作用，葡萄汁pH低，SO_2杀菌活性高。一般溶液中，SO_2的浓度与亚硫酸的浓度成正比。葡萄酒酵母对其不敏感，处于发酵旺盛期的酵母甚至比休眠细胞更耐SO_2。葡萄汁内SO_2过多时，会延迟开始发酵的时间。加入SO_2的葡萄汁虽然使发酵延缓进行，但发酵强度和结束的发酵度并没有受到影响。SO_2在发酵过程中对酵母及其代谢没有损害，只是在开始发酵时起作用。原因是SO_2是一种强还原剂，在过量加入SO_2的葡萄汁中蛋白质中的二硫键被亚硫酸还原成硫基（—SH），蛋白质中二硫键的还原，引起其分子的巨大变化。SO_2的这种还原作用，可作用于任一蛋白质。因此，发酵初期，酵母菌中酶的作用会受到抑制。

葡萄酒酵母一般都耐SO_2，葡萄汁中的其他酵母则不耐SO_2。例如，尖端酵母对亚硫酸很敏感，少量的SO_2就可使其活性受到抑制。

任务 葡萄酒酵母的发酵性能测定

任务目标
根据葡萄酒酵母的特点进行发酵性能的测定,掌握评价和筛选优良酵母的方法。

任务实施

一、材料和设备
(1) 材料 成熟良好的葡萄汁、亚硫酸、皂土、酿酒酵母。
(2) 设备 酸度计、旋光仪、试管、三角瓶、玻璃瓶、高压灭菌锅、葡萄酒杯等。

二、操作方法与步骤
(1) 抗 SO_2 能力测定 用杀菌后的葡萄汁在试管中培养酵母,然后在三角瓶中放入杀菌后的葡萄汁100mL,分别加入 0mg/L、30mg/L、50mg/L、100mg/L、120mg/L、140mg/L、160mg/L、180mg/L SO_2,于室温下定期观察,记录其开始起泡发酵的时间。

(2) 不同糖度下的发酵能力测定 在装有200mL葡萄汁、糖度分别为100g/L、150g/L、220g/L、260g/L、300g/L 的三角瓶中,接入8mL酵母液,于室温下发酵,待发酵旺盛时,任其发酵至发酵结束。澄清后,取样分析残糖、酒精度及产酒率。

(3) 不同温度下的发酵能力测定 在250mL的葡萄汁中,接入10mL酵母液,分别在10℃、15℃、25℃、30℃发酵,记录发酵时间、产酒率等。

(4) 酵母对于白葡萄酒的酿造性能测定 将酵母接入装有5L或10L葡萄汁的玻璃瓶中,将糖度调至210g/L,在15~20℃下发酵,发酵结束后除沉淀、过滤、调 SO_2,陈酿1个月后进行化学检验、感官品评。酿造性能评价见表5-1。

表5-1 酿造性能评价

葡萄汁		葡萄酒成分							成品感官评价	
含糖量	含酸量	酒精度	总酸	挥发酸	总酯	SO_2	总酚	残糖	澄清状况	感官评语

三、注意事项
1) 记录筛选酵母的特性,分析其酿酒特性。
2) 总结不同温度、糖度、SO_2 浓度对发酵速度、酒质等的影响。

知识拓展

酵母菌种是"芯片",一直以来被国外垄断,为打破国外垄断,张裕历时 10 多年建立葡萄酒酿酒酵母种质资源库,收集保存 800 余种本土酵母,利用生物工程技术定向选育酵母,研究酵母酿酒特性。已选育出 3 株具有自主知识产权的酵母并应用于生产。

学习评价

学习评价单

序号	评价内容及分值	评价标准	学生自评 10%	小组互评 10%	教师评价 60%	企业评价 20%
1	学习方法 10 分	课前完成必备知识的自学;课中认真观察思考,并主动操作实践;课后归纳反思				
2	学习态度 20 分	工作态度端正,具有吃苦耐劳、诚实守信、认真负责的品质,对知识和技能能够认真学习、钻研				
3	沟通表达 10 分	能够及时与同组成员及指导教师、技术人员沟通交流				
4	合作能力 10 分	团队协作意识强				
5	创新实践 10 分	能够结合实际实训情况进行操作				
6	职业能力 10 分	能够根据葡萄酒生产需要进行酿酒酵母的扩大培养、准确选择适配酿酒酵母并进行性能测定				
7	学习成果 30 分	在选择酿酒酵母时,能够准确判断其生长特性,并根据实际生产需求选择适当的酵母。在发酵过程中能够准确应对出现的发酵问题				
		合计				

06 项目六
葡萄酒酿造

项目导学
- 葡萄酒酿造技术涉及多个关键步骤，每个步骤都对最终葡萄酒的口感、品质和风格产生重要影响。在整个酿造过程中，酿酒师需要密切关注葡萄的品质、发酵的温度和时间、熟成的条件等因素，以确保最终葡萄酒的质量和口感达到预期。此外，酿酒师还需要根据市场需求和消费者偏好不断调整和优化酿造技术，以满足不断变化的市场需求。

项目目标
- 知识学习目标：了解干红葡萄酒的酿造技术、干白葡萄酒的酿造技术、桃红葡萄酒的酿造技术。
- 技能培养目标：能够根据生产的葡萄酒类型选择合适的生产设备、生产工艺，制定基本操作规程。
- 职业情感目标：激发学生探索不同类型葡萄酒酿造技术，培养工匠精神、创新意识和探索精神，能够不断学习新知识、新技术，提高自身的综合素质和工作能力。

🏷 相关知识

一、红葡萄酒的酿造

下面以干红葡萄酒生产工艺（图6-1）为例，介绍红葡萄酒的生产工艺流程。

扫码看视频

（一）葡萄的采收

目前，我国葡萄的采收还是以人工作业为主，使用采收工具如采果剪等进行采收。采收时一手持采果剪，一手紧握果穗梗，于贴近果枝处带果穗梗剪下，在采收过程中要注意是否有坏掉的葡萄果穗，

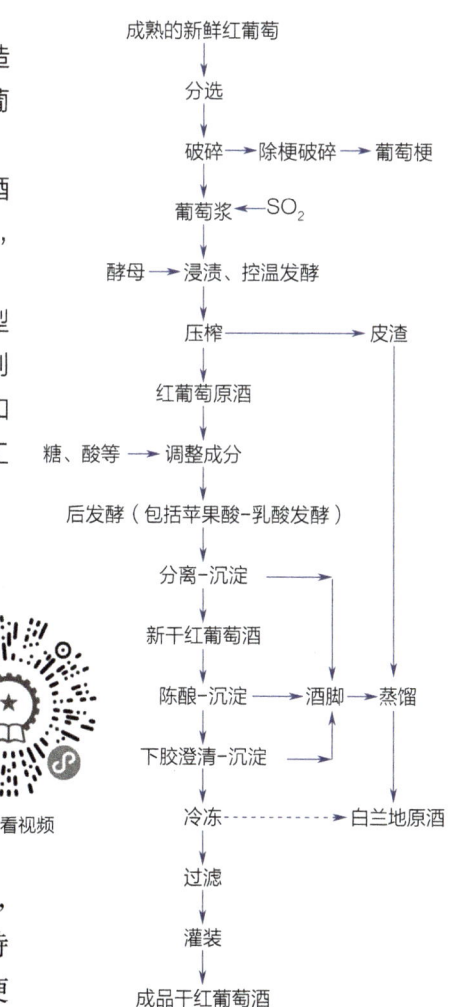

图6-1 干红葡萄酒生产工艺流程

055

应将葡萄果穗中破裂的或霉变的果粒剔除后轻放在果篮中。在采收和运输过程中要防止葡萄之间的摩擦、挤压，确保葡萄完好无损。人工采收精选程度高，只采收成熟完美的葡萄，将品质不够的葡萄留在葡萄植株上，但是这种方法比较耗时且人工费用比较高。

而在国外，以世界葡萄生产大国美国为例，美国的葡萄产量和栽植面积超过我国，而且其葡萄机械化生产管理水平也处于世界领先地位。他们通过对葡萄植株进行必要的修剪使其树形结出的果实整齐划一，方便高大的采收机进入园地进行机械化采收。机械化采收的优点是快速、方便且可以减少费用，但其缺点就是无论是成熟的或不成熟的、霉变的或没有霉变的葡萄全部采收了下来，后期还要进行分选。在葡萄酒厂，分选是在分选传送带上完成的。

（二）葡萄的除梗破碎

除梗是将葡萄果实与果梗分开并将后者除去，破碎是将葡萄果实压破，以利于果汁的流出。目前的趋势是在生产优质葡萄酒时，只将原料进行轻微的破碎。破碎要求：每粒葡萄都要破碎；果核不能压破，果梗不能压碎，果皮不能压扁；破碎过程中，葡萄及汁不得与铁、铜等金属接触。

目前的除梗破碎的机器有两种，一种是破碎除梗机，另一种是除梗破碎机。

1. 破碎除梗机

破碎除梗机顾名思义就是对葡萄先进行破碎再进行除梗。但是它的缺点是果实破碎的同时果梗也会相应地破碎，果梗破碎后，果梗中的一些劣质单宁成分会进入葡萄汁，影响葡萄酒的质量。另外，在除梗时果梗可能会沾有葡萄汁，从而造成浪费。

2. 除梗破碎机

除梗破碎机就是对葡萄先进行除梗再破碎。它的优点正好弥补了破碎除梗机的缺点，目前酒厂多采用这种设备。

（三）酒精发酵过程

葡萄破碎除梗完成后就可以采用果浆泵将葡萄醪泵送到发酵罐中进行发酵。在发酵期间每天都要测量葡萄汁的糖度、酸度、温度、比重等。

1. 果胶酶处理

在破碎葡萄原料中加入果胶酶，有利于葡萄出汁。商业化的果胶酶包括分解果胶质的各种酶，可在低 pH 条件下起作用。在原料中加入 20~40mg/L 的果胶酶，处理 4~15h，可提高出汁率 15%。即使只处理 1~2h，也能显著提高自流汁的比例。

果胶酶处理可加速葡萄汁中悬浮物的沉淀。加入果胶酶 1h 后，葡萄汁中的胶体平衡被破坏，从而引起悬浮物迅速沉淀，使葡萄汁获得更好的澄清度。此外，果胶酶处理可能会导致葡萄汁澄清过度，所以加入果胶酶的量要适中。果胶酶处理还使葡萄汁和所获得的葡萄酒在以后更容易过滤。

红葡萄酒的颜色取决于在酒精发酵过程中液体对固体的浸渍作用。在浸渍开始时加入果胶酶，有利于对多酚物质的提取，这样获得的葡萄酒，单宁、色素含量和色度更高，颜色更红。商业化的果胶酶中通常含有糖苷酶。糖苷酶可以水解以糖苷形式存在的结合态芳香物质，释放出游离态的芳香物质，从而提高葡萄酒的香气。

2. SO_2 处理

SO_2 处理就是在发酵基质中或葡萄酒中加入 SO_2，以便发酵能顺利进行或有利于葡萄酒的贮藏。

SO_2 是一种杀菌剂，它能控制各种发酵微生物的活动，加入 SO_2 的量的不同，对发酵中的各种微生物起到的作用和危害也各不相同。SO_2 抑制发酵微生物的活动，推迟发酵开始的时间，从而有利于发酵基质中悬浮物的沉淀。

破损葡萄原料和霉变葡萄原料的氧化，分别主要是由酪氨酸酶和漆酶催化的，原料的氧化将严重影响葡萄酒的质量。而 SO_2 可以抑制氧化酶的作用，从而防止原料的氧化。

加入 SO_2 还可以提高发酵基质的酸度。SO_2 的用量一定要适当，使用不当或用量过高，将使葡萄酒具有怪味且对人产生毒害。葡萄酒原料常用的 SO_2 浓度见表 6-1。

表 6-1 葡萄酒原料常用的 SO_2 浓度

原料状况	红葡萄酒中 SO_2 浓度 / (mg/L)	白葡萄酒中 SO_2 浓度 / (mg/L)
无破损、霉变、成熟度中，含酸量高	30~50	40~60
无破损、霉变、成熟度中，含酸量低	50~80	60~80
破损、霉变	80~100	80~100

SO_2 处理应在发酵触发以前进行。但对于酿造红葡萄酒的原料，应在葡萄破碎、除梗后泵入发酵罐时立即进行，并且一边装罐一边加入 SO_2，装罐完毕后进行一次倒罐，以使加入的 SO_2 与发酵基质混合均匀。

3. 添加酵母

添加酵母就是将人工选择的活性强的酵母加入发酵基质中，使其在基质中繁殖，引起酒精发酵。SO_2 处理会使与葡萄原料同时进入发酵容器中的酵母的活动暂时停止，并使这些酵母的生命活动速度减慢而呈现休眠状态。添加活性强的酵母可以迅速触发酒精发酵，并使其正常进行和结束。这样获得的葡萄酒发酵完全，无残糖或其含量较低，酒精度稍高，易于贮藏。

对于红葡萄酒，应在 SO_2 处理 24h 后添加酵母，以防产生还原味，所加入的酵母群体数量应足够大，不得低于 $1 \times 10^6 CFU/mL$。

将活性干酵母在 20 倍含糖 5% 的温水（35~40℃）中分散均匀，活化 20~30min。活化完成后应使酵母液的温度缓慢降低到葡萄汁的温度，再添加到发酵罐中，并进行一次倒罐使其混合均匀。

4. 温度控制和倒罐

加入酵母以后，发酵就会慢慢开始，随着酵母的繁殖，发酵越来越快，在发酵过程中由于 CO_2 的释放引起发酵基质的膨胀，形成"皮渣帽"，而且温度会越来越高，为了避免发酵温度过高带来的各种不良后果，一旦温度高于30℃，就要采取措施进行降温，目前酒厂一般采用喷淋冷却法，将冷却水直接喷洒在发酵罐上，有的发酵罐外部有冷却带或采用制冷设备降温。

倒罐就是将发酵罐底部的葡萄汁泵送至发酵罐上部，倒罐可以使发酵基质混合均匀，压帽，防止皮渣干燥，促进液相和固相之间的物质交换，使发酵基质通风，提供氧，有利于酵母的活动，并可避免 SO_2 还原为硫化氢（H_2S）。根据倒罐的目的不同，倒罐可以是开放式的，也可以是封闭式的。

根据要求不同，倒罐的方式和次数也不相同，一般情况下每天倒1次罐即可。在发酵过程中要每天测2~3次温度和比重，以判断酒精发酵是否结束。

（四）出罐和压榨

通过一段时间的浸渍发酵，应将液体即自流酒放出，使其与皮渣分离。由于皮渣中还含有一部分葡萄酒，将皮渣运往压榨机进行压榨，以获得压榨酒。

1. 自流酒的分离

应在自流酒比重降至0.992~0.996时进行分离，从发酵罐的清汁口让葡萄酒自流下来，泵送入干净的储酒罐中。

2. 皮渣的压榨

在自流酒分离完毕后，应将发酵容器中的皮渣取出。由于发酵容器中存在着大量 CO_2，所以应等2~3h，当发酵罐中不再有 CO_2 后从入孔进入发酵罐除渣。为了加速 CO_2 的逸出，可用风扇对发酵容器进行通风。

从发酵容器中取出的皮渣经压榨后获得压榨酒，与自流汁比较，其中的干物质、单宁及挥发酸含量都要高一些。对于压榨酒的处理可以有各种方式：直接与自流酒混合，这样有利于苹果酸-乳酸发酵的触发；通过下胶、过滤等净化处理后与自流酒混合；单独贮藏并作其他用途，如蒸馏。另外，如果压榨酒中果胶含量较高，最好在普通酒温度较高时进行果胶酶处理，以便于净化。

根据酿酒工艺要求，在压榨过程中应该避免压出果皮、果梗及果核本身的构成物。这就要求压榨要缓慢进行，压榨的压力要缓慢增加，且不能过高。目前我国压榨设备类型较多，常见的有螺旋压榨机、气囊压榨机、转筐式双压板压榨机等。

（五）苹果酸-乳酸发酵

要获得优质红葡萄酒，首先，应该使糖被酵母发酵，苹果酸被乳酸菌发酵，但不能让乳酸菌分解糖和其他葡萄酒成分；其次，应该尽快地使糖和苹果酸消失，以缩短酵母或乳酸菌繁殖或这两者同时繁殖的时间，因为在这一时

扫码看视频

期,乳酸菌可能分解糖和其他葡萄酒成分,当葡萄酒中不再含有糖和苹果酸时(而且仅仅在此时),葡萄酒才算真正的生成,应该尽快地除去微生物。

苹果酸-乳酸发酵是在葡萄酒酒精发酵结束后,在乳酸菌的作用下,将苹果酸分解为乳酸和 CO_2 的过程。

在酒精发酵结束后,应将葡萄酒开放式分离至干净的酒罐中,并将温度保持在20℃左右,几周以后,或在第2年春季,苹果酸-乳酸发酵可能被自然触发。实际生产中,为了使葡萄酒的苹果酸-乳酸发酵能在酒精发酵结束后立即触发,则应满足相应的工艺条件。

酒精发酵结束后,在18~20℃的条件下触发并完成苹果酸-乳酸发酵,可以缩短危险期,确保葡萄酒的质量。葡萄酒的pH低于3.2时,乳酸菌很难繁殖。只有当乳酸菌的群体数量足够大(大于 1×10^6 CFU/mL)时,苹果酸-乳酸发酵才能在pH为3.2时进行。

乳酸菌对 SO_2 也敏感,因此,原料添加 SO_2 的量就决定了苹果酸-乳酸发酵的触发和进行。

(六)葡萄酒贮藏

将葡萄酒贮藏在地下酒窖是最好的选择,10~14℃是葡萄酒陈化的理想温度。葡萄酒的贮藏还得在阴暗处,因为紫外线对葡萄酒的破坏力很大,会使葡萄酒中的单宁氧化,从而不可逆转地降低葡萄酒的品质。贮藏环境中的湿度如果太低,软木塞会因脱水而收缩,空气则乘机进入造成氧化(瓶装酒一般应倾斜放置,以确保软木塞的湿润)。葡萄酒贮藏环境的湿度约为70%,不能低于50%。湿度如果高于80%对瓶装酒并无影响,但会腐蚀酒瓶上的标签,影响酒瓶的外观并且给酒的辨识带来麻烦。为了防止难闻的气味影响贮藏的葡萄酒,应确保酒窖的通风良好。贮藏的葡萄酒时刻通过软木塞进行"呼吸",所以要用流动的新鲜空气驱赶酒窖中的霉味和腐烂的气味。在大型的葡萄酒贮藏设施中,空气过滤也是必不可少的措施,可以防止有害细菌和气味侵入。

1. 澄清

发酵结束以后,葡萄酒仍较混浊,因为它含有一些悬浮物,包括果胶、果皮、果核的残屑和酵母及一些溶解度变化很大的盐类等。由于 CO_2 的释放,这些物质仍悬浮在葡萄酒中。经过静置以后,这些物质逐渐地沉淀于罐底。

转罐(换桶),就是将葡萄酒从一个贮藏容器转到另一个贮藏容器,同时将葡萄酒与其沉淀物分开。由于各种原因,在贮藏过程中,贮藏容器内葡萄酒液面下降,从而造成空隙,添罐(添桶)就是用葡萄酒将这部分空隙填满,防止酒氧化。如果由于某些原因不能填满就可以通入 N_2 以填补空隙。

2. 下胶

下胶就是在葡萄酒中加入亲水胶体,使其与葡萄酒中的胶体物质和单宁、蛋白质,以及金属复合物、某些色素、果胶质等发生絮凝反应,并将这些物质除去,使葡萄酒澄清、稳定。常用的下胶材料见表6-2。

表6-2 常用的下胶材料

白葡萄酒		红葡萄酒	
下胶材料	用量/(mg/L)	下胶材料	用量/(mg/L)
鱼胶	10~25	明胶	60~150
酪蛋白	100~1000	蛋清	60~100
皂土	250~500 或更多	皂土	250~400

3. 过滤

过滤就是用机械方法使某一液体穿过多孔物质，将该液体的固相部分与液相部分分开。目前常用的过滤设备有板框纸板过滤机、硅藻土过滤机、膜过滤机等。

1）板框纸板过滤机。采用的过滤介质是纸板，主要用于葡萄酒的半精滤及精滤，在整个过滤过程中，要保持压力平稳，否则会因压力过大使纸板破裂或纤维脱落，影响过滤质量。

2）硅藻土过滤机。又可以分为板框式硅藻土过滤机和水平圆盘式硅藻土过滤机。前者采用的过滤介质为织物，过滤中要添加助滤剂——硅藻土，一般用于粗滤。而后者用于精滤，过滤面水平向上，助滤剂预敷层易于敷设，不易脱落；可在过滤过程中陆续地加入助滤剂，过滤持续的时间长；自动排渣、自动清洗、节约人力、节约时间；体积小、重量轻、移动灵活、使用方便。

3）膜过滤机。过滤介质是由高分子聚合物构成，主要用于灌装前的除菌过滤，只能过滤澄清的葡萄酒。

（七）稳定性处理

为了确保葡萄酒的瓶内稳定性，除应加强在灌装过程中的技术、卫生管理和确保酒瓶具有良好的封闭性外，还必须进行稳定性分析，并做相应的稳定性试验，根据试验结果进行相应的稳定性处理后，再做稳定性试验，直至试验证明葡萄酒稳定后，才能灌装。

葡萄酒的稳定并不是将葡萄酒固定在某一状态，阻止其变化、成熟，而是避免病害的发生，保持其颜色和澄清度的稳定性。只有稳定的葡萄酒，其感官质量才能正常地向良好的方向发展。

（八）葡萄酒灌装

灌装车间应该是无菌操作，目前酒厂的灌装设备有洗瓶机、灌装机、打塞机、贴标机、缩帽机等。

二、白葡萄酒的酿造

白葡萄酒按其含糖量的多少，可分为干白葡萄酒、半干白葡萄酒、半甜白葡萄酒和甜葡萄酒。干白葡萄酒感官指标见表6-3。

表 6-3 干白葡萄酒感官指标

项目	要求
色泽	近似无色、微黄带绿色、浅黄色、禾秆黄色、金黄色
香气	具有纯正、优雅、和谐的果香和酒香
口味	具有优雅、爽悦及新鲜、悦人的果香与协调的口味
典型性	具有本类型酒的典型性

白葡萄酒以干白葡萄酒为代表，酿造干白葡萄酒应选择色泽浅、含糖量高、质量好的优质葡萄作为生产原料。葡萄入厂后，要尽快进行分选、破碎并立即压榨，使果汁与皮渣迅速分离，尽量减少皮渣中色素等物质的溶出。

优质干白葡萄酒有新鲜怡悦的葡萄果香（品种香），具有优美的酒香；香气和谐、细致，令人愉悦；酒的滋味完整、和谐、清快、爽口、舒适、洁净，具有该品种干白葡萄酒独特的典型性。

为确保酿造出的干白葡萄酒的质量，葡萄汁含酸量要比一般葡萄汁高，同时要避免氧化酶的产生。因此，葡萄采收时间比生产干红葡萄酒的葡萄早，葡萄的含糖量为20%~21%时较为理想。在采收、运输和贮藏过程中，应认真严格管理，避免同其他品种的葡萄混杂，必须使用洁净的容器装运生产干白葡萄酒的葡萄；运输过程中尽量减少和防止葡萄破碎，运到葡萄汁生产厂后，不得存放，应立即加工。

干白葡萄酒既可用白葡萄来酿造，也可用红皮白肉的红葡萄来酿造。与红葡萄酒不同的是需将果汁与果皮分离，低温处理后再发酵，并在灌装前要进行稳定性处理。葡萄采收后，经分选除梗后进行破碎压榨，将果汁与果皮分离、澄清，然后经低温发酵、贮藏、陈酿及后期加工处理，最终酿制成干白葡萄酒。干白葡萄酒生产工艺流程见图6-2。

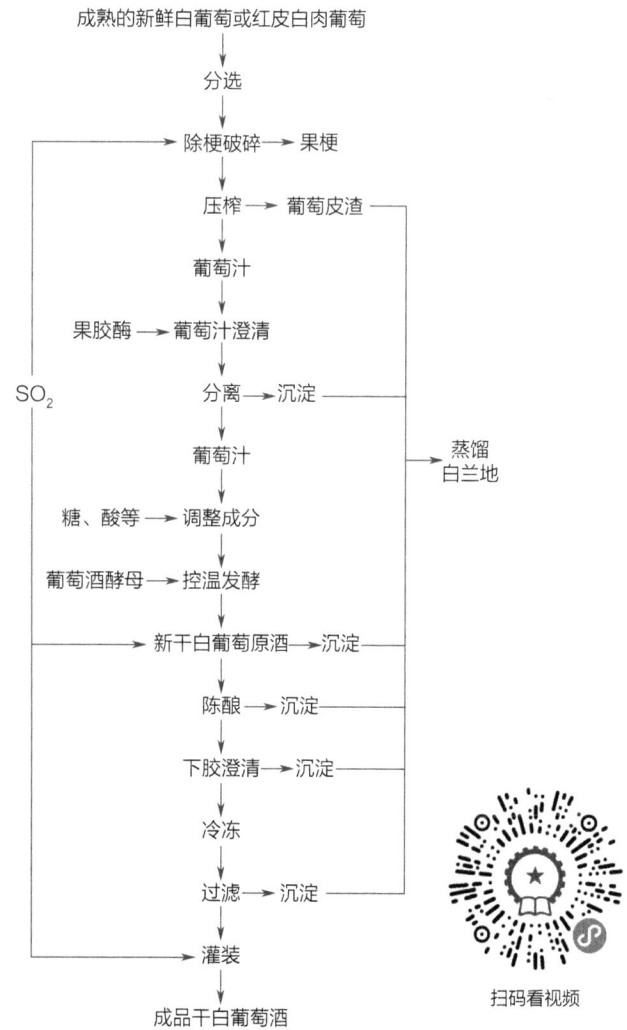

图 6-2 干白葡萄酒生产工艺流程

干白葡萄酒酿造技术环节见表6-4。

表6-4 干白葡萄酒酿造技术环节

技术环节	优点
选用优良酿酒葡萄品种，利用当地的自然条件优势，逐渐形成葡萄原料基地化、基地良种化、良种区域化	为酿制独具风格的优质干白葡萄酒提供基础
提高酿酒专用设备的先进性，保障工艺条件的实施，如在果汁分离方面应用果汁分离机、连续螺旋压榨机、双压板（单压板）压榨机、气囊压榨机等，机械设备自动化、现代化	快速分离皮渣，防止果汁氧化
发酵前对果汁进行低温澄清处理，如采用SO_2静置法、果胶酶分解法、皂土澄清法、机械澄清法、低温过滤法等	提高酒的质量，使口味纯正细腻
发酵工艺中采用低温发酵法，采用多种降温方法，将发酵品温控制在16~18℃	防止葡萄酒氧化，保持果香
添加人工酵母或活性干酵母，以适应低温发酵，使发酵能按工艺要求正常进行	增加葡萄酒芳香物质，提高葡萄酒品质
在酒的陈酿或后加工时进行酒质净化处理，如采用澄清剂、低温冷冻和过滤相结合的方法，提高酒的澄清度	增强酒的稳定性
在干白葡萄酒的酿造过程中应采用隔离O_2的有效措施，如添加适量SO_2、充入N_2隔氧贮藏、充N_2灌装隔菌过滤、无菌灌装等措施	保持原有的果香和新鲜感
干白葡萄酒灌装后进行瓶贮，多采用地下室恒温贮藏6个月以上	增加酒香，使酒体更加协调，干白葡萄酒典型性突出

（一）果汁分离

白葡萄酒与红葡萄酒的前加工工艺不同。白葡萄酒加工采用先压榨后发酵，而红葡萄酒加工要先发酵后压榨。白葡萄经破碎（压榨）或果汁分离，果汁单独进行发酵。果汁分离是酿造白葡萄酒的重要工艺，分离方法有以下4种：连续螺旋压榨机分离、气囊压榨机分离、果汁分离机分离、双压板（单压板）压榨机分离。葡萄破碎后经淋汁取得自流汁，即从压榨机里流出的第一批葡萄汁，味道最醇美，香气最纯正。再经压榨取得压榨汁，为了提高果汁质量，一般采用二次压榨分级取汁。自流汁和压榨汁的用途见表6-5。

表6-5 自流汁和压榨汁的用途

葡萄汁类型	按总出汁量的100%计算	按压榨出汁率的75%计算	用途
自流汁	60%~70%	45%~52%	酿制高级葡萄酒
一次压榨汁	25%~35%	18%~26%	单独发酵或与自流汁混合
二次压榨汁	5%~10%	4%~7%	发酵后用于调配

（二）果汁澄清

果汁澄清的目的是在发酵前将果汁中的杂质尽量减少到最少，以避免葡萄汁中的杂质因参与发酵而产生不良成分，给酒带来杂味。为了获得洁净、澄清的葡萄汁，可采用下述方法，将破碎压榨所得的果汁澄清，使悬浮在其中的杂质沉淀。

1. SO_2 静置法

采用添加适量的 SO_2 来澄清葡萄汁，其方法操作简便、效果较好。在澄清过程中 SO_2 主要起3个作用，即可加速胶体凝聚，对非生物杂质起助沉作用；对葡萄皮上野生的酵母、细菌、霉菌等微生物起到抑制、杀菌作用；葡萄汁中游离 SO_2 的存在，可防止葡萄汁被氧化。

根据 SO_2 的最终用量和果汁总量，准确计算 SO_2 使用量。加入后搅拌均匀，然后静置16~24h，待葡萄汁中的悬浮物全部下沉后，以虹吸法或从澄清罐高位阀门放出清汁。如果将葡萄汁温度降至15℃以下，不仅可加快沉降速度，而且澄清效果更佳。

2. 果胶酶分解法

果胶酶是复合酶，按其对果胶底物的作用可分为4类，即多聚半乳糖醛酸酶（对澄清果汁起主要作用的酶，可使果胶黏度下降）、聚甲基半乳糖醛酸酶、果胶甲酯水解酶（使果胶中的甲酯水解成果胶酸）、原果胶酶（使不溶性果胶变成可溶性果胶）。果胶酶的活力受温度、pH、防腐剂的影响。澄清葡萄汁时，果胶酶只能在常温、常压下进行酶解作用。一般情况下，24h左右可使果汁澄清。若温度低，酶解时间需延长。在使用前应做试验，找出最佳效果的使用量，以指导大型生产。

使用果胶酶澄清葡萄汁可保持原果汁的芳香和滋味，降低果汁中总酚和总氮的含量，有利于酒的质量，并且可提高果汁的出汁率3%左右，提高过滤速度。

3. 皂土澄清法

皂土也称膨润土，是一种由天然黏土精制的胶体铝硅酸盐，是以氧化硅、三氧化二铝为主要成分的白色粉末，其溶解于水的胶体带负电荷，具有很强的吸附能力，用来澄清葡萄汁可获得最佳效果。皂土的使用量应根据事先试验确定。使用时以10~15倍水缓慢加入皂土中，浸润膨胀12h以上，然后补加部分温水，搅拌成浆液后以4~5倍葡萄汁稀释。用酒泵循环1h左右，使其充分与葡萄汁混合均匀。根据澄清情况及时分离。配合明胶使用，效果更佳。

白葡萄汁经皂土处理后，干浸出物含量和总氮含量均减少，总氮含量的减少有利于避免蛋白质混浊，干浸出物含量的减少可使葡萄汁变得更加纯净。皂土处理不能重复进行，否则有可能使酒体变得淡薄，降低酒的质量。

4. 机械澄清法

利用离心机高速旋转产生巨大的离心力，使葡萄汁与杂质因密度不同而得到分离。离心力越大，澄清效果越好。它不仅使杂质分离，也能除去大部分野生酵母，为人工酵母的使用提供有利条件。离心前在葡萄汁中加入果胶酶、皂土或硅藻土、活性炭等助滤剂，配合使用效果更佳。机械澄清法可在短时间内使果汁澄清，减少香气的损失；能除去大部分野生酵母，确保酒的正常发酵；自动化程度高，既可以提高质量，又可以降低劳动强度。

（三）白葡萄酒的发酵

葡萄汁经澄清后，根据具体情况决定是否进行改良处理，之后再进行发酵。

1. 初期发酵阶段

将葡萄汁送入发酵桶或池中，静置一段时间后，接入人工培育的优良酵母（或固体活性酵母），装上发酵栓，进行密闭发酵，即进入初期发酵阶段。选择的酵母除具有酿酒风味好这一重要条件外，还应能适应低温发酵、保持发酵平稳、有后劲，发酵彻底、不留较多的残糖、抗 SO_2 能力强，发酵结束后，酵母凝聚，并较快沉入发酵容器底部，使酒易澄清。

酵母在葡萄汁中的接种量一般为 1%~4%，要根据葡萄酒酵母的发酵能力、繁殖速度、葡萄汁浓度、发酵温度和发酵时间等因素来确定接种量。接种室应选用处于对数生长期的葡萄酒酵母，因为处于这个时期的葡萄酒酵母适应环境能力强，不易发生变异，稳定性好，接入后能很快开始繁殖。

这个阶段，由于葡萄汁中少量溶解氧的存在，酵母数量逐渐增加到最大量，O_2 耗尽后，酵母的发酵速度逐渐加快，产生越来越多的 CO_2。液面开始处于静止状态，随着发酵速度的加快会不断冒出洁白的气泡。并且随着发酵的进行，起泡颜色逐渐加深、数量不断增多。

2. 发酵旺盛期

进入发酵旺盛期后，葡萄酒酵母在无氧条件下迅速将葡萄汁中的糖转化为酒精，同时产生大量的 CO_2。CO_2 不断由发酵液内涌向液面，在葡萄汁的表面形成细腻的乳白色气泡。随着发酵的继续进行，CO_2 把部分酵母和沉淀物带到发酵液的表面，发酵液表面的颜色逐渐加深。

发酵产生的 CO_2 必须及时排出，否则会由于 CO_2 的反馈抑制作用，使发酵速度减慢。在气温较低的小型葡萄酒厂，可采用自然通风的办法将 CO_2 从酒窖的底部排出；在气温高的地区，采用自然通风会把热空气带入酒窖，使室温上升，发酵温度升高，影响发酵醪的质量，此时可采用白天使用空调控制温度和夜间自然排气相结合的办法。

在葡萄酒发酵旺盛期，由于酵母发酵作用处于最强阶段，发酵速度快，会产生大量热量，很容易使发酵温度升高，影响正常发酵。葡萄酒的发酵通常采用控温发酵，发酵温度一般以 16~22℃为宜，最佳温度为 18~22℃，发酵旺盛期一般为 15d 左右。发酵温度对白葡萄酒的质量有很大影响，低温发酵有利于保持葡萄中原有果香的发挥性化合物和芳香物。如果温度超过工艺规定范围，会造成以下危害：易于氧化，减少原葡萄品种的果香；低沸点芳香物质易挥发，减少酒的香气；酵母活力减弱，易感染杂菌或造成细菌性病害。因此，控制发酵温度是白葡萄酒发酵管理的一项重要工作。为达到此目的，发酵容器常附带冷却装置。

还可在发酵室保持适当的 CO_2 浓度，由于 CO_2 的抑制作用，也可维持正常发酵，避免发酵温度过高。发酵旺盛期结束后白葡萄酒外观和理化指标见表6-6。

表6-6 发酵旺盛期结束后白葡萄酒外观和理化指标

指标	要求
外观	发酵液面只有少量的 CO_2 气泡，液面较为平静，发酵温度接近室温。酒体呈浅黄色、浅黄带绿色或乳白色。有悬浮的酵母混浊，有明显的果实香、酒香、CO_2 气味和酵母味。品尝有刺舌感，酒质纯正
理化	酒精：9%~11%（体积分数），或达到指定的酒精度 残糖：5g/L 以下 相对密度：1.01~1.02 挥发酸：0.4g/L 以下（以醋酸计） 总酸：自然含量

3. 发酵后期

发酵旺盛期结束后残糖降低至 5g/L 以下，即可转入发酵后期。发酵后期温度一般控制在 15℃ 以下。在缓慢地发酵后期，酒精浓度依然在不断增加，但生成酒精的速度与发酵速度呈线性降低趋势，酵母死细胞明显增多。这段时间是形成葡萄酒各种风味物质的重要时期，由于生成了较多的副产物，葡萄酒香和风味的形成更为完善，残糖继续下降至 2g/L 以下。

（四）白葡萄酒的防氧化处理

白葡萄酒中含有一些酚类化合物，如花色素苷、单宁、芳香物质等，这些物质有较强的嗜氧性，在与空气接触过程中易被氧化生成棕色聚合物，使白葡萄酒的颜色变深，酒的新鲜果香味降低，甚至产生酒的氧化味，从而影响葡萄酒的质量和外观。因此，白葡萄酒的防氧化处理极为重要。白葡萄酒氧化现象存在于生产过程的每一个工序，掌握和控制氧化是十分重要的。形成氧化现象需要3个因素：有可以氧化的物质如色素、芳香物质等；与氧接触；存在氧化催化剂如氧化酶、铁、铜等。能控制这些因素的措施都是防氧化行之有效的方法。白葡萄酒生产中采用的防氧化措施见表6-7。

表6-7 白葡萄酒生产中采用的防氧化措施

防氧化措施	内容
选择最佳采收期	选择最佳葡萄成熟期进行采收，防止过熟霉变
原料低温处理	葡萄原料先进行低温处理（10℃以下），然后再压榨分离
快速分离	快速压榨分离果汁，减少果汁与空气接触时间
低温澄清处理	将果汁进行低温处理（5~10℃），加 SO_2 进行低温澄清或采用离心澄清
控温发酵	果汁转入发酵罐内，将品温控制在 16~20℃，进行低温发酵

(续)

防氧化措施	内容
皂土澄清	应用皂土澄清果汁（或原酒），减少氧化物质和氧化酶的活性
避免与金属接触	与酒（汁）接触的铁、铜等金属器具均需有防腐蚀涂料
添加 SO_2	在酿造白葡萄酒的全部过程中，适量添加 SO_2
添加惰性气体	在发酵前后，应充入 N_2 或 CO_2 气体密封容器
添加抗氧剂	白葡萄酒灌装前，添加适量的抗氧化剂如 CO_2、维生素 C 等

三、桃红葡萄酒的酿造

桃红葡萄酒为略带红色的葡萄酒，主要为用红色葡萄品种经压榨后或短时浸渍分离后，用纯汁发酵酿成的葡萄酒，其颜色因葡萄品种、酿造方法和陈酿方式不同而有很大的差别，最常见的有黄玫瑰红色、橙玫瑰红色、玫瑰红色、橙红色、洋葱皮红色、紫玫瑰红色等。其色泽与风味介于红葡萄酒与白葡萄酒之间。

优质桃红葡萄酒必须具有自己独特的风格和个性，而且其感官特性更接近于白葡萄酒，优质桃红葡萄酒必须具有以下特点：具有较浅的红色色彩，漂亮透明，有晶莹悦目的光泽；具有类似新鲜水果或花香的香气；清爽，应具备足够高的酸度；轻柔，其酒精度应与其他成分相平衡。

另有一种桃红葡萄酒，类似红葡萄酒，色较深、果香浓、味厚到肥硕。

从理论上说，酿造红葡萄酒的所有原料品种都可以作为桃红葡萄酒的原料品种。最常用的优良桃红葡萄酒的原料品种主要有歌海娜、赤霞珠、梅洛等。各个葡萄品种既有其优点，又有一定的缺陷，而且由于各年份气象条件的变化，各品种优良特性的表现也随之发生变化，因此要生产优质桃红葡萄酒，也需要根据各地的生态条件，选择相应的葡萄品种或不同葡萄的品种结构。

扫码看视频

（一）桃红葡萄酒的工艺特点

酿制桃红葡萄酒的葡萄不能过熟，要求葡萄原料完好无损地到达酒厂，应该避免高温和空气的氧化作用。目前桃红葡萄酒的生产方法有 5 种。

1. 直接压榨法

如果原料的色素含量高，则可采用白葡萄酒的酿造方法酿造桃红葡萄酒（图 6-3），但用这种方法酿成的桃红葡萄酒，往往颜色过浅。因此，使用这种方法时必须满足以下两个方面的条件：色素含量高的葡萄品种；能在破碎以后立即进行均匀的 SO_2 处理，以防止氧化。

葡萄 ⟶ 除梗破碎 ⟶ SO_2 处理 ⟶ 压榨 ⟶ 澄清 ⟶ 发酵 ⟶ 分离

图 6-3　直接压榨法生产工艺流程

2. 短期浸渍分离法

这种方法适用于具有红葡萄酒设备的葡萄酒厂。葡萄原料装罐浸渍数小时后，在酒精发酵开始以前，分离出 20%~25% 的葡萄汁，然后用白葡萄酒的酿造方法酿造桃红葡萄酒（图 6-4）。

```
葡萄 —→ 除梗破碎 —→ SO₂处理 —→ 装罐 —→ 浸渍2~24h ──┐
分离 ←── 发酵 ←── 发酵开始前分离出20%~25%的葡萄汁，剩余部分酿造桃红葡萄酒 ←┘
```

图 6-4　短期浸渍分离法生产工艺流程

短期浸渍分离法酿成的桃红葡萄酒，颜色纯正，香气浓郁。质量最好的桃红葡萄酒通常是用这种方法酿成的，唯一的缺点是桃红葡萄酒的产量受到限制。

3. 低温短期浸渍法

这种方法是将原料装罐浸渍，在酒精发酵开始前分离自流汁；皮渣则经过压榨，取开始的压榨汁加入自流汁中，而后除去后来的压榨汁（图 6-5）。

葡萄 —→ 除梗破碎 —→ SO₂处理 —→ 装罐浸渍2~24h —→ 分离自流汁 —→ 皮渣压榨 —→ 发酵 —→ 分离

图 6-5　低温短期浸渍法生产工艺流程

4. CO_2 浸渍法

CO_2 浸渍法是把整穗葡萄放在充满 CO_2 容器中发酵的方法。通过 CO_2 浸渍发酵后的葡萄酒具有独特的口味和香气特征，口感柔和、香气浓郁，成熟较快（详见红葡萄酒酿造）。

5. 混合工艺

先用红皮白肉的葡萄原料酿造白葡萄酒。然后在出罐时加入相应比例（10% 左右）的同一品种酿造的红葡萄酒。有酿酒师认为，所加入的红葡萄酒最好是用 CO_2 浸渍法酿造获得的。

（二）桃红葡萄酒的主要发酵设备

桃红葡萄酒酿造设备的种类很多，其目的主要有两个：①尽量多、尽量快地对葡萄实现浸提，以提取葡萄中的色素和有益的香味及物质；②浸提过程中，最大限度地减少对果肉和果核的损害，以减少酒中的杂质和异味。

为了实现浸提，目前采用的方法主要有用泵循环喷淋泡盖和压泡盖。目前我国使用效果较理想的设备如下：

1. 旋转式发酵罐

与静置的发酵容器比较，旋转式发酵罐是动态的，可使"皮渣帽"减薄，加大了与果汁的接触面积，从而使浸渍达到完美，有选择地将葡萄本身的有益物质发掘出来。

2. 佳拟美得自喷淋式发酵罐

佳拟美得自喷淋式发酵罐（图6-6）依靠一个简单、有效的旁通，可使发酵产生的 CO_2 气体翻动泡盖，而不使用泵的方式，也可以使用外来的气体（空气、O_2、N_2、CO_2）对果浆进行搅拌混匀，而不需要使用泵。其优点如下：

1）节约。不使用电力，也节省劳动力。
2）非常简单。泡盖的搅拌不使用泵和其他机械。
3）质量控制好。优化皮渣的滤取和果核的提取。
4）产品的一致性好。这种搅拌方式使产品的一致性更好。
5）快速浸提。优化了色素和其他提取物的自然释放。
6）易于排渣。大部分皮渣因重力直接排入压榨机。
7）多用途。不需要做任何调整即可用来做储酒罐。

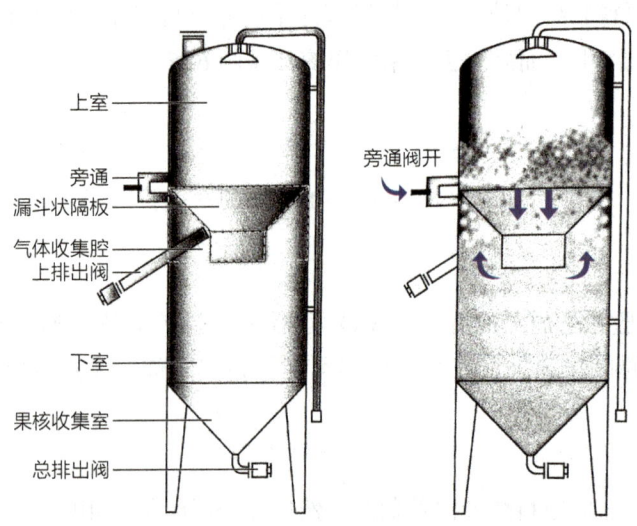

图 6-6　佳拟美得自喷淋式发酵罐

任务一　干红葡萄酒酿造实验

🏷 任务目标

了解和掌握干红葡萄酒的工艺流程，能够进行干红葡萄酒的酿造。4~5人为1个小组，以小组为单位，从选择、购买原料及选用必要的加工机械设备开始实践，让学生掌握操作过程中的品质控制点，抓住关键操作步骤，利用各种原辅料的特性及加工中的各种反应，使最终的产品质量达到应有的要求。

任务实施

一、材料和设备

（1）材料　酿造干红葡萄酒的优良品种，如赤霞珠、梅洛和蛇龙珠等。

（2）设备　葡萄破碎机、果汁分离机、压榨机、高速离心机、灌装机等，贮藏容器主要有发酵罐、贮酒罐等。

二、工艺流程

葡萄经破碎、除梗，添加酵母，带渣发酵。酒精发酵和固体物质的浸渍作用同时进行，酒精发酵将糖转化为酒精，浸渍作用使葡萄果皮中的物质，尤其是单宁、色素等多酚类、芳香物质溶解在葡萄酒中。发酵一段时间后分离出皮渣，分离出的葡萄酒继续发酵一段时间。酒精发酵结束，调整成分后进行苹果酸－乳酸发酵，再经陈酿、调配、澄清、除菌和装瓶后得到干红葡萄酒的成品（图6-7）。

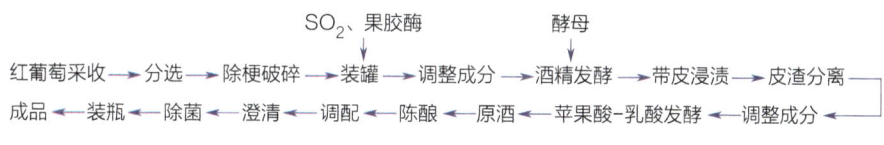

图6-7　干红葡萄酒生产工艺流程

三、操作要点

1. 葡萄的采收、运输及接收

目前我国酿酒葡萄大都采用人工采收，这样不仅可以剔除葡萄穗中的青烂果，而且对于葡萄果实的损害也可以降到最低。有必要注意葡萄的采收时间，应尽量选择在早晚气温较低时采收，同时要缩短运输与加工的时间，这样可以大大降低野生酵母及其他杂菌生长的机会。

2. 除梗破碎

可以采用先除梗后破碎的方法，也可以采用先破碎后除梗的方法。采用前一种方法，果梗所带有的青梗味、苦味等不良味道不会进入葡萄浆中；采用后一种方法，果梗与葡萄浆有短暂的接触，极少量产生不良味道的物质会进入葡萄浆。现代酿造工艺主要采用前一种方法。同时，在葡萄破碎过程中及时添加适量的SO_2对防止杂菌的生长及抑制氧化酶的活性也有很重要的作用。要针对不同质量的原料加入50~100mg/L的SO_2，可以以亚硫酸的形式加入；或随着葡萄破碎一起加入，或加入破碎后的葡萄浆。一定均匀加入SO_2，根据装罐量精确计算亚硫酸用量。

如果破碎强度太大，会过度粉碎果梗，浸出更多的劣质单宁和生青物质，造成葡萄酒过于苦涩，严重影响口感质量。

但除去果梗也并非是绝对的，很多欧洲酿酒师喜欢在干红葡萄酒发酵过程中保留一部分果梗（一般为20%~50%），如果比例恰当可以使葡萄酒产生一种草木香并增加相应单宁的含量，当然在这个过程中操作必须十分小心，一般需要在葡萄加工前采样，进行多酚类物质含量的分析以指导相应的生产。

3. 装罐

在进罐量达到要求的1/3左右时需加入果胶酶处理。进罐量不能超过罐容的80%。满罐后应立即检测葡萄浆的各项理化指标，按照工艺要求对其成分进行调整，包括潜在酒精度、总酸等。如果葡萄成熟度不够或受病虫危害，使葡萄浆的各种成分不符合要求，可以通过多种方法提高原料的含糖量（潜在酒精度）、降低或提高含酸量。为了获得高质量的葡萄酒，还可进行单宁的调整，可在发酵期间和陈酿期间加入单宁。

添加果胶酶的操作规程：领料时检查果胶酶，它必须在有效期内，然后在合适的不锈钢或玻璃容器中用10倍的常温洁净软化水溶解，将酶液均匀加入罐中，最后用清洁的物料泵进行循环。

4. 酒精发酵

将红葡萄浆打入发酵设备，调整SO_2，调整成分，接入酵母，就进入酒精发酵阶段。在主发酵初期，葡萄酒酵母大量繁殖，皮渣与浆液充分接触，葡萄皮渣中的色素和单宁类物质充分溶解，赋予葡萄酒悦人的色泽；主发酵中后期，在无氧条件下，葡萄醪中的糖分大部分转变成酒精，生成对葡萄酒风味有益的各种物质及前体物质。

（1）接种葡萄酒酵母　葡萄醪发酵可以是自然发酵，也可以是纯种发酵，工业化生产中一般使用葡萄酒酵母菌株的商品制剂，经过活化后加入。因此，整个发酵过程的管理水平在很大程度上决定了葡萄酒的质量。

酿造干红葡萄酒要选用优质酵母，使用前取样进行发酵试验。RC212、BM45、BDX等，是广泛应用于法国波尔多、勃艮第地区的优选酵母菌种；还有F5、F10、D254、RA17等，用量为200~250g/t。

接种酵母的时间一般在葡萄浆入罐后的第2天，操作要点：先将约20L水加热至80~90℃，装入一个大桶中，再放出发酵罐中的温度较低的葡萄浆与热水混匀，使其温度为35~40℃，加入酵母，搅拌均匀后，放置20min，待发酵醪大量鼓泡并发出珀缤的声音时，酵母已经活化完全。之后再放出一部分葡萄浆加入酵母液，当其温度与待发酵的葡萄醪的温差小于10℃时，将酵母液泵入发酵罐中，第2天循环混匀。

（2）循环倒罐　在发酵过程中，皮渣会上浮在发酵液的上方，形成较厚的"皮渣帽"，与"皮渣帽"接触的液体部分很快被浸出物——单宁、色素所饱和，减缓了皮渣与发酵液之间的物质交换，而倒罐则可以破坏该饱和层，达到加强浸渍的作用。因此，倒罐在干红葡萄酒的酿造中非常重要，但在不同的发酵阶段，倒罐的目的也不同。生产过程中，主要有以下几次倒罐操作。

1）原料入罐后的倒罐。其主要目的是混匀除梗破碎时加入的 SO_2，使其均匀地分布于发酵罐中，确实起到防止氧化、阻止野生酵母及杂菌繁殖的作用。倒罐方式应为封闭式，以免加入的 SO_2 挥发到空气中，倒罐持续的时间视罐容和酒泵的能力大小而定。

2）加酵母前的倒罐。主要目的是除去发酵醪中的游离 SO_2，以利于加入的酵母快速繁殖，尽快启动酒精发酵。倒罐方式应为开放式。

3）加酵母后的倒罐。主要目的是混匀正在增殖的酵母，使之均匀地分布于发酵醪中。倒罐的时间一般在加入酵母培养液后的第 2 天。倒罐方式应为封闭式。

4）发酵中的倒罐。此阶段的倒罐不仅是为了提高浸提效果，同时也是酵母繁殖的需要。倒罐的次数取决于葡萄酒的种类、原料质量、浸渍时间、发酵温度、酒精度等因素。倒罐时要充分喷淋"皮渣帽"，但切忌过强的搅拌作用。

（3）发酵温度的控制　干红葡萄酒的发酵温度一般控制在 30℃ 以下，但应根据原料的具体状况进行适当的调整，对于成熟度高、卫生状况较好的原料，温度可控制在 28~30℃。通常新鲜型浸渍发酵温度为 25~27℃，陈酿型为 28~30℃。应根据车间制冷能力严格控制同批发酵罐的温度，及时测量和降温，尽量避免过多发酵罐的温度同时上升至上限温度，造成降温不及时，甚至发酵迟缓、中止的后果。应特别注意的是，在利用换热器降温时，进酒温度和出酒温度的差值应小于或等于 5℃，并保持发酵液在盘管中处于流动状态，以免酵母在温度剧变时失活，造成发酵迟缓或停滞。车间操作人员应定时定量进行倒罐操作，发酵液要均匀地喷洒在"皮渣帽"上，以加强对皮渣的浸渍。倒罐时进行取样检测；详细记录温度、体积、质量检测结果，绘制发酵曲线，及时对发酵进程进行控制。

（4）发酵助剂的应用　当发酵启动缓慢时，或温度过低、过高造成发酵中止、停滞时，可添加适量的 Fermaid E、Fermaid K、NHT（酵母营养剂）、维生素 B_1 等发酵助剂，用量为 100~200g/t。

（5）单宁的应用　在发酵时添加单宁，是酿造优质葡萄酒时常见的做法，用量为 20~200g/t。使用中要注意单宁的溶解问题，如正在发酵的发酵醪难以很好地溶解单宁，往往呈胶着的糊状，在泵入发酵罐后，不可避免地与部分皮渣结合，降低其使用效果。最好的溶解方法是用热水先溶解单宁，然后再缓慢加入发酵醪中。

5. 皮渣分离

当发酵醪相对密度降到 0.997 以下或残糖含量降到 4g/L 以下时，酒精发酵基本结束。将葡萄酒与皮渣分离前应停止循环 8h 以上，分酒时酒的品温应低于 30℃。

酒精发酵结束后，应进行皮渣与清酒分离操作，皮渣经过压榨获得的压榨酒可单独存放或与自流酒混合存放。分离原酒时，需要进行开放式倒罐，带入一定量的 O_2。

6. 酒精发酵结束后的浸渍管理

当发酵结束或即将结束时，可把相同品种、同种酵母发酵且皮渣已泛白（无更多的有益内含物）的酒液并入另一罐中（此罐中的皮渣应还有可利用的价值），并确保整个发酵罐处于满罐状态，防止醋酸菌等杂菌的繁殖，抑制挥发酸含量的上升。在浸渍的过程中，应每天测定挥发酸含量,如果挥发酸含量出现异常上升,应及时分离原酒。

如果原料质量较好,可以对浸渍的酒液进行升温,最高温度可升至50℃,以浸提皮渣中的内含物。

7. 苹果酸-乳酸发酵

一般新葡萄酒的相对密度下降到0.993~0.998时,酒精发酵已基本停止,糖分已全部转化,即开始苹果酸-乳酸发酵。苹果酸-乳酸发酵一般要求温度为18℃以上,可自行启动,也可加入乳酸菌引发。

(1)活性干乳酸菌的应用 用于红葡萄酒的乳酸菌为生物产品,用量一般为10g/t。用法为取冷冻状态下贮藏的乳酸菌,溶于5L蒸馏水或矿泉水中,15~20min后倒入待发酵的葡萄酒中,同时循环均匀,此时必须是封闭式循环,尽量避免带入空气。如果条件许可,也可接种苹果酸-乳酸发酵已经进行完毕的葡萄酒的酒脚,以启动苹果酸-乳酸发酵。

(2)苹果酸-乳酸发酵的启动、控制与结束 要启动苹果酸-乳酸发酵,必须确保以下两个条件:①葡萄酒酒精发酵结束后,不能添加SO_2;②必须确保葡萄酒中的残糖含量小于4g/L。

在苹果酸-乳酸发酵过程中,必须保持葡萄酒处于满罐状态,罐顶可以充气或水封保护,以隔绝空气。每周应至少做纸色谱2次,检测苹果酸和挥发酸含量变化2次,以此判断苹果酸-乳酸发酵的进程,以便确定分离时间。在某罐酒的色谱结果中,如果苹果酸斑点消失,必须再重复做一次,以确保苹果酸-乳酸发酵完全结束。正常情况下,一般可在20d左右完成后发酵;若气温较低发酵时,后发酵时间会适当延长。

当苹果酸完全消失或当挥发酸含量接近0.6g/L时,立即分离至干净、无菌的罐中。加入30~50mg/L的SO_2,填满密闭。确保添加的SO_2与葡萄酒充分混合,必须采用封闭式循环。同时进行满罐操作和充气保护。葡萄酒进入贮藏阶段。

8. 新酒的转罐与去酒脚

转罐(换桶)就是把一个发酵罐中的酒,全部倒入另一个罐中,酒脚在转罐时被除去。

(1)第1次转罐 在红葡萄酒生产中,第1次转罐应在苹果酸-乳酸发酵结束后48h内进行。转罐操作时,首先检查发酵罐与贮酒罐间的连接是否正常,管道及相关设备需要按规程洗涤、杀菌后才能使用。打开后发酵罐的阀门,使葡萄酒通过管道由液位差或输料泵送入贮酒设备中,要求同时保持满罐贮藏。空罐一般不需要用CO_2或N_2驱赶空气,进酒过程中,打开罐的上盖,以便驱除空气和酒中逸出的CO_2,使酒中挥发性的有害物质及时排出。待清酒全部抽完,黏稠的泥浆状酒脚则留在后发酵罐底,打开阀门,用刮板或其他工具取出酒脚,将酒脚集中在一起送往蒸馏室蒸馏或利用酒泥机过滤提取清酒。

(2)第2次转罐 在适当的时候,应进行第2次转罐,清除酒中的沉淀物、去除异味。一般第2次转罐在第1次转罐后2~3个月进行。第2次转罐时一定要注意尽量使酒脚不与新酒一同流出。因此,酒脚可以适当地多留一点,以确保转罐后葡萄酒的质量。葡萄酒转罐以后同样要求贮酒罐必须保持满罐。若不可避免存在不满罐，应尽可能采用小罐贮藏，将游离 SO_2 调整至 50mg/L，同时酒液上方空间要定期充 CO_2 或 N_2 保护。

四、注意事项

（1）葡萄原料的质量控制　葡萄酒的质量七成取决于葡萄原料，三成取决于酿造工艺，葡萄原料奠定了葡萄酒质量的物质基础，绝不能使用霉烂严重的葡萄。酿酒葡萄的品种、葡萄的成熟度及葡萄的新鲜度，这三者都对酿成的葡萄酒具有决定性的影响。例如，王朝完成的"王朝高档干红葡萄酒酿造技术与原料保障体系的研制与开发"项目中提出要规范酒用葡萄栽培技术，推广酿酒葡萄无病毒、良种优系的栽培。

优良的酿酒葡萄品种，除要求具有生长健壮、抗病、成熟一致、丰产等栽培性状以外，还要求含糖量较高（应在 170g/L 以上）、酸量适中、出汁率不低于 70% 等特点。由糖度与酸度综合表现出来的葡萄的成熟度，很大程度上决定了发酵中果皮浸渍时间的长短。具有良好成熟度的名种葡萄果皮内含丰富的风味物质，可以容许长时间的带皮浸渍（如 8~15d）；而成熟度不佳或普通品种的葡萄，5~6d 的浸渍就足以释放最有用的色素成分、单宁及其他风味物质。

（2）发酵过程的控制　发酵过程中，同一品牌的酵母与果胶酶应搭配使用。

（3）苹果酸-乳酸发酵的控制　葡萄酒中总 SO_2 含量大于 60 mg/L 时，发酵不能启动；pH 小于或等于 3.2 时，发酵启动困难；温度低于 15℃，则发酵启动延迟；温度高于 20℃，可导致挥发酸含量升高；发酵罐未填满或未密封，葡萄酒易氧化和被好氧细菌污染。苹果酸-乳酸发酵结束后，如不及时分离转罐，乳酸菌的活动可作用于残糖和酒石酸等葡萄酒成分，引起多种病害和挥发酸含量的升高，严重危害葡萄酒质量。

（4）预防和控制　对葡萄酒质量的控制是一个系统工程，做好预防和控制，可以确保葡萄酒在酿造过程中不会出现质量偏差。做好预防和控制的前提是葡萄酒厂必须遵循良好生产规范（GMP）、卫生标准操作程序（SSOP）和良好实验室规范（GLP）；质量控制人员必须进行相关的培训。葡萄酒厂的卫生和厂房规划等要严格按照 GB 12696—2016《食品安全国家标准　发酵酒及其配制酒生产卫生规范》的规定执行；葡萄酒的生产管理按照 NY/T 2682—2015《酿酒葡萄生产技术规程》执行；使用的添加剂应符合 GB 2760—2024《食品安全国家标准　食品添加剂使用标准》；生产用水必须符合 GB 5749—2022《生活饮用水卫生标准》。例如，陈酿用的橡木桶应用硅胶、无味橡胶或加工圆整的木塞封口以确保密封性。贮酒容器如果密封不严，会造成葡萄酒的氧化和杂菌污染。

（5）葡萄酒酿造过程中的处理讲究"时机"观念　干红葡萄酒酿造过程中的浸渍、酒精发酵和苹果酸-乳酸发酵结束的控制，陈酿过程中的转罐及陈酿结束的控制等都非常注重"时机"，由于错过"时机"而造成的对葡萄酒质量的负面影响是不能纠正的。

学习评价

学习评价单

序号	评价内容及分值	评价标准	学生自评 10%	小组互评 10%	教师评价 60%	企业评价 20%
1	学习方法 10分	课前完成必备知识的自学；课中认真观察思考，并主动操作实践；课后归纳反思				
2	学习态度 20分	工作态度端正，具有吃苦耐劳、诚实守信、认真负责的品质，对知识和技能能够认真学习、钻研				
3	沟通表达 10分	能够及时与同组成员及指导教师、技术人员沟通交流				
4	合作能力 10分	团队协作意识强				
5	创新实践 10分	能够结合实际实训情况进行操作				
6	职业能力 10分	能够进行干红葡萄酒的酿造				
7	学习成果 30分	能准确选择酿酒葡萄品种进行干红葡萄酒的酿造，能准确应用果胶酶、SO_2、发酵剂等葡萄酒酿造原辅料				
	合计					

任务二　干白葡萄酒酿造实验

任务目标

了解和掌握干白葡萄酒的工艺流程，能够进行干白葡萄酒的酿造。4~5人为1个小组，以小组为单位，从选择、购买原料及选用必要的加工机械设备开始，让学生掌握操作过程中的品质控制点，抓住关键操作步骤，利用各种原辅料的特性及加工中的各种反应，使最终的产品质量达到应有的要求。

任务实施

一、材料和设备

（1）材料　酿造干白葡萄酒的优良品种，如霞多丽、琼瑶浆、白雷司令、长相思、白麝香、灰雷司令、白品乐、米勒、白诗南、赛美蓉、西万尼和贵人香等。

（2）设备　葡萄破碎机、果汁分离机、压榨机、高速离心机、灌装机等，贮藏容器主要有发酵罐、贮酒罐等。

二、工艺流程

纯汁发酵，经过一段时间的酒精发酵，再调硫倒罐进行陈酿得到干白葡萄原酒，最后再经调配、除菌、装瓶，便可得到成品干白葡萄酒（图6-8）。

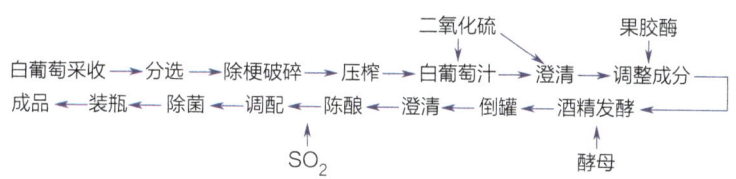

图6-8　干白葡萄酒生产工艺流程

三、操作要点

1. 除梗破碎、压榨

采用离心式除梗破碎机。除梗破碎作业时应降低离心速度，减弱破碎强度和不破碎。压榨目前多采用气囊压榨机，相对于其他压榨机设备，它的果皮与筛网表面相对运动最少，从而使果皮和果核受到的剪切和磨碎作用小，皮渣中释放出的单宁和细微固形物大大减少，压榨汁中的固体和聚合酚类含量较低。压榨过程中，根据情况对汁进行分段选择，同时人为控制某个压力下压榨的时间，从而获得更好的葡萄汁。

2. 葡萄汁的预处理

葡萄汁的预处理包括 SO_2 处理、葡萄汁入罐澄清操作和葡萄汁成分调整3个过程。

（1）SO_2 处理　除梗破碎阶段进行在线加硫，加入量为50~100mg/L。如在除梗破碎阶段 SO_2 未加足，应在压榨阶段补加。确保压榨机的卫生，定期消毒。压榨完毕葡萄汁进入澄清罐之前，所用罐、泵及管线应严格消毒，澄清罐要进行充 CO_2 或 N_2 以排净罐内空气，同时设定澄清温度，罐体制冷使葡萄汁可以尽快降温，一般干白葡萄酒澄清温度要求为10~13℃。

（2）葡萄汁入罐澄清操作

1）在葡萄汁泵入发酵设备以前，发酵设备都必须按工艺要求认真清洗和处理，尤其是长时间闲置不用的发酵设备，会附着大量的杂菌、灰尘和污垢等，如果不清洗干净，会给澄清发酵造成污染，使酒质受到影响。

2）检查葡萄汁输送设备情况，连通压榨机与澄清设备，开始输送葡萄汁，从压榨机接汁槽处分两次加入果胶酶。新鲜的葡萄汁中含有一定量的果胶质，使葡萄汁的澄清效果受到较大影响，有时新葡萄酒中会产生果胶性沉淀。果胶酶可分解葡萄汁中的果胶质，加速澄清并使更多风味物质溶入葡萄汁，提高出汁率。所加果胶酶多为混合酶制剂，这些混合酶的活性非常依赖于温度（10℃时它们的活性为15%~25%，20℃为25%~35%，30℃为40%~60%），它们的最适宜温度为45~50℃，60℃时会快速失去活性，80℃时完全失效。酿酒师希望在低温下对葡萄进行处理的需求，与果胶酶有效活性的要求之间存在矛盾。所以，果胶酶应在葡萄破碎后尽快加入，以使它们具有最长的作用时间。

果胶酶用量应根据葡萄汁的混浊程度来确定，一般为30~50mg/L。果胶酶加入前需要先在10倍水中稀释均匀，然后再分两次加入需要处理的葡萄汁或葡萄酒中，混合均匀后进行静置澄清。

3）葡萄汁打入澄清设备容积的60%左右时停止进汁，量大不易快速澄清，量小则造成能源与设备的浪费。完毕后需要封紧罐门，关好水封，设定好澄清温度（10~13℃），做好相关记录。

4）葡萄汁进罐时间要短。如果入罐消耗的时间长，O_2与葡萄汁接触的时间就长，会使较多的O_2进入葡萄汁；同时，葡萄汁暴露在空气中的时间长，也为杂菌污染提供了更多的机会，这些无疑都会影响葡萄酒的正常澄清与发酵。

入罐完毕后要检测各项指标，一般游离SO_2低于20mg/L时需进行调整。

5）葡萄汁低温静置澄清处理。葡萄汁调整SO_2后，要进行低温静置澄清处理。葡萄汁静置澄清的方法有许多种。一种方法是在常温条件下静置澄清处理24h，这种方法不耗能，操作简便，不需辅助设备，成本低。但环境温度较高时，葡萄汁中的沉淀物沉降速度慢，沉淀物的沉降效果差，而且葡萄自身所带微生物得不到抑制，很可能引起自然发酵。低温下进行葡萄汁的静置澄清，是一种常用的生产方法，冷却系统将葡萄汁温度降到10~13℃静置24~36h，使酵母暂时不能繁殖，而葡萄汁中的沉淀物在低温时得到迅速、充分的沉降。这种生产方法能量消耗大，增加了生产成本，但葡萄汁澄清效果好，葡萄汁不容易发生氧化和自然发酵，葡萄汁和葡萄酒可以保持浓郁的果香和爽净的口感。为加强澄清速率和效果，还可以加入0.05%~0.1%的皂土，混匀后静置澄清。皂土有吸附沉淀性物质、加快沉淀速度、缩短澄清时间、提高葡萄汁澄清度的作用。

分离清汁时为防止沉淀物进入澄清汁中，可采用透镜观察，抽取澄清的葡萄汁。下层汁底用酒泥机过滤，获得的清汁一般不与澄清汁混合发酵。对于36h内不能良好澄清且伴有轻微自然发酵的葡萄汁（液面冒泡，伴有浓重的烂苹果味和香蕉味），应尽快转入发酵罐加酵母发酵。

没有经过静置澄清处理的葡萄汁，在葡萄汁开始发酵以前，少量的由果肉带进的絮状沉淀物便已沉积于桶的底部。当发酵开始后，CO_2 产生并在桶里由下至上逸出，将这些絮状物带到发酵液表面。沉淀物中一些不利于葡萄酒质量和风味的成分，在沉淀物由下至上的悬浮过程中被浸出，进入葡萄酒。同时，这些物质悬浮到液面上，还会影响发酵的正常进行。所以，未经澄清处理的葡萄汁所生产的干白葡萄酒质量较差。

良好的澄清是酿造优质干白葡萄酒的前提，优质原料、低温与相当的 SO_2 是澄清的保证。为了确保生产的葡萄汁及干白葡萄酒有良好的风味和色泽，在 SO_2 处理与静置澄清的整个过程中，应充 N_2 或 CO_2 保护，尽量避免葡萄汁与空气接触，减少葡萄汁的氧化。

（3）葡萄汁成分调整　澄清阶段结束后，澄清的葡萄汁分离，转入发酵罐。操作中所用罐、泵及管线应严格消毒，入罐量控制在发酵设备容积的 90% 左右。检测澄清汁各项理化指标，主要关注其糖度及酸度，根据工艺要求进行相应调整。

在干白葡萄酒生产过程中，对葡萄汁的酸度要求较高，这里重点介绍如何调整干白葡萄酒用葡萄汁的酸度。不同品种的酿酒葡萄所生产的葡萄汁，其含酸量会有较大的差异。

酸度一般在酒精发酵后会降低 1g/L 左右，根据经验值，酸度不达标时常加入酒石酸或柠檬酸调节。并且，在葡萄汁和成品干白葡萄酒中应加入不同的酸。白葡萄汁中加入酒石酸可增加酸度，发酵后可以使酒体丰满，保持良好的骨架感，使酒体更协调；柠檬酸主要用于陈酿后成品干白葡萄酒酸度的调整，此时，把柠檬酸加入葡萄酒，不仅可以提高葡萄酒的酸度，而且还能使酒的色泽纯净，因为柠檬酸可以与酒中的铁离子生成可溶性的柠檬酸铁，避免生成磷酸铁白色沉淀。但是如果把柠檬酸加入葡萄汁并酿造葡萄酒，一旦柠檬酸与细菌接触，细菌便会把柠檬酸转化成醋酸，使酒中挥发酸含量升高，这样反而破坏酒体的完美。因此，目前最常采用的办法是用酒石酸对发酵前葡萄汁进行酸度调整。

3. 酶制剂和酵母营养素的选择

用于葡萄汁和葡萄酒的酶制剂有很多种，如果胶酶、蛋白酶、纤维素酶、葡萄糖苷酶和脲酶。商品果胶酶至少含有两种以上特定的酶和混合物，其都有不同的作用。这就要求在使用时了解产品成分进行选择。例如，葡萄糖苷酶可以使萜烯化合物变成可挥发化合物，从而增加香味。

活性干酵母已普遍应用于大型工业生产中。全球至少有 9 家公司生产约 30 种葡萄酒酵母，在使用时同样需要了解产品成分进行选择，重点考虑其产酒精能力，以及菌种的类型。

干白葡萄酒的发酵温度低，同时又在严格无氧条件下发酵，发酵显得困难，这就要求首先测出葡萄汁中营养源的含量，再适当添加酵母营养素，如磷酸盐类、无机氮等，以加快发酵速度。

4. 发酵

新鲜的葡萄汁经 SO_2 处理、静置澄清及成分调整后，将澄清葡萄汁用泵打入发酵设备回温处理后加入酵母进行发酵。

1）加入酵母。在葡萄汁澄清完毕后，将澄清葡萄汁泵入发酵罐，要求所用罐及泵、管线等事前消毒处理，空罐提前充入惰性气体排出空气。进罐量可控制在90%左右。若葡萄汁泵入发酵设备的量少，则设备利用率低，上部空间大，氧进入葡萄汁中的机会也增多，葡萄汁容易发生氧化，使成品葡萄酒色泽加深，影响酒的风味和质量。葡萄汁泵入发酵设备过多也不适宜。因为当进入发酵旺盛期时，CO_2的形成会使发酵液出现翻涌现象，发酵设备上部空间小，产生的泡沫就有可能溢出来，造成葡萄酒损失，甚至引起细菌污染，使酒酸败变质。

在加入酵母启动发酵之前，需对品温低的葡萄汁进行回温处理。发酵温度为14~18℃，需使品温升到相差2℃左右时才能加入酵母。不然温度过低时可能造成酵母无法生长甚至死亡，无法启动发酵。

使干白葡萄酒发酵的酵母需要具有以下特征：耐低温，保持品种特性，良好释放果香。现在澳大利亚、法国等均筛选出优良酵母品种，在我国适用性良好，各大葡萄酒厂家均采用纯系干酵母。

酵母在葡萄汁中的接种量一般是1%~4%，接种量的多少要根据酵母的发酵能力、繁殖速度、葡萄汁浓度、发酵温度和发酵时间等因素来确定。若酵母繁殖速度快，发酵能力强，葡萄汁的浓度低，发酵温度高，发酵时间长，则酵母接种量应低一些；反之，接种量要高一些。接种时应选用处于对数生长期的酵母，因为处于对数生长期的酵母适应环境能力强，不容易发生变异，稳定性好，接入葡萄汁中后能很快开始繁殖。

活化方法：10倍左右30~40℃的温水，将干酵母均匀加入后，保持平静10min左右开始萌动增殖；在体积增长到一定位置后，放入适量葡萄汁5min左右打入罐内，目的是补充营养物质并对酵母液进行降温，使酵母适应罐内品温，防止突然的低温造成死亡。一般进罐酵母液温度与罐内温度相差要小于10℃。加入后需要循环均匀。

2）发酵过程。在酒精发酵阶段，每隔12h监测一次密度及温度变化，确保发酵平稳进行，以糖度每天降1°Bx（白利糖度）为宜，低温发酵是干白葡萄酒质量（香气、口感等）的保证。干白葡萄酒的酒精发酵一般经过发酵初期、发酵旺盛期和发酵后期3个阶段。

①发酵初期。将葡萄汁送入发酵桶或罐中，静置一段时间稍微回温后，接入葡萄酒酵母或串罐（10%）循环均匀，设定发酵温度为14~18℃，即进入发酵初期。一般36~48h可以启动发酵。在这个阶段，由于葡萄汁中少量溶解氧的存在，酵母菌体数量逐渐增殖到最大量，氧消耗尽后，酵母菌的发酵速度逐渐加快，产生越来越多的CO_2。液面开始处于静止状态，随发酵速度的加快会不断冒出气泡，均匀洁白的气泡铺满液面。

发酵初期实际上是葡萄酒酵母的增殖阶段。对于纯粹发酵来讲，接种葡萄酒酵母后，酵母首先吸收葡萄汁中的溶解氧进行增殖，起初增殖活动和发酵作用都很微弱。随着葡萄酒酵母增殖加快，发酵醪中的溶解氧逐渐被消耗，增殖速度由快逐渐变慢。溶解氧被消耗尽后，发酵作用逐渐加强，发酵进入旺盛期。

②发酵旺盛期。在葡萄酒发酵旺盛期，由于酵母发酵作用处于最强阶段，发酵速度

快，因此会产生大量的热量，很容易使发酵温度升高，影响正常发酵。因此，此时要特别注意控制发酵温度。可使用冷风装置及空气调节装置来降低发酵室温度，也可采用冷水冷却葡萄酒的方法来控制发酵温度。现代工业化生产采用的大型的葡萄酒发酵罐设有冷却夹系统（米勒板或夹套），并在其中通入稀释酒精，通过制冷机带动循环来进行发酵温度的控制。

③发酵后期。葡萄汁经过一段时间的旺盛发酵，发酵浆中的含糖量大大降低，酵母的活力和发酵速度明显下降，发酵产生的 CO_2 气体明显减少，发酵液表面趋于平静，此时葡萄酒发酵就进入了发酵后期。这是形成葡萄酒各种风味物质的重要时期也是酵母和酒中不溶性物质沉降的重要阶段，应适当降低发酵液的温度。

当相对密度降至 0.997 以下时检测残糖，至 2g/L 以下时表明酒精发酵结束，此时可设定低温 8~10℃，存放 1 周以加快酒体里固形物的沉淀，促进酒液澄清，然后安排倒罐。

5. 转罐贮藏

随着发酵现象完全消失，酒石、酵母及葡萄酒中其他沉淀物逐渐沉积下来。转罐的目的就是除去葡萄酒中已经沉淀下来的这些沉淀物，同时调整游离 SO_2 含量以杀死残存微生物，确保酒体的安全健康。

通过品尝并依据理化指标，本着同品种同类型同质的原则进行转罐合罐，要求隔氧保护并保持满罐贮藏。

在干白葡萄酒生产过程中要防止氧化，因此转罐时必须避免氧进入酒中，以保持葡萄酒的原果香和良好的色泽。因此多采用还原型的转罐方法。

（1）密闭自流法　当发酵桶为卧式排放时，可利用上层发酵桶与下层桶的高位差，使上层桶中的酒借助重力自然流入下层桶中。下层桶在装葡萄酒前，必须按操作规程，进行严格的清洗消毒。待酒液全部流入下层桶后或在进酒前，根据工艺要求补加 SO_2 以起到抗氧抑菌的目的。若贮酒罐不满，应当在转罐后立即添入同一品种、同一年份、同一类型的葡萄酒，然后立即封口，进行贮藏陈酿。

（2）外力转罐法　当贮酒罐的位置不适合依靠高位差转罐时，就需要借助外力的帮助进行转罐。外力转罐主要有两种方法，即用输料泵与外加气体压力转罐。用输料泵转罐是在两个贮酒罐之间设一输料泵，从一个贮酒罐中抽出葡萄酒打入另一个贮酒罐中。这种转罐方法会造成一些空气进入葡萄酒中，使酒液受到轻微氧化。采用高压气体帮助转罐，一般选择使用 CO_2 或是 N_2 等惰性气体，在贮酒罐口加双孔塞，使贮酒罐密闭，其中一个孔为惰性气体进入贮酒罐的入口，另一个孔伸入贮酒罐下部清酒的最低处。当惰性气体加压于密闭的贮酒罐时，清酒就被压出酒罐，排入空贮酒罐中，随着惰性气体不断压入，清酒就全部灌入空贮酒罐中。

6. 用红葡萄品种生产白葡萄酒

栽培的酿酒葡萄中，有许多红葡萄品种的果肉是无色的，如黑皮诺、佳利酿等，它们也都可以作为生产干白葡萄酒的原料。这类葡萄的色素绝大部分存在于果皮中，其含量受多种因素影响，既包括葡萄品种、产量水平、成熟阶段、果实大小、土壤气候等先天条件，也包括收获与破碎时间消耗、果汁与果皮接触时间、氧化酶活性、SO_2存在等工艺处理过程中各因素的影响。

当采用红葡萄酿造白葡萄酒时，只需将果皮和果汁尽早分开。在葡萄破碎后的皮渣与葡萄汁的分离过程中，必须注意尽量不破坏果皮的细胞组织，否则细胞破裂以后就会使一部分果皮中的色素渗出来，进入葡萄汁。另外，果皮与葡萄汁的分离过程必须在发酵以前进行，否则葡萄汁在发酵时的浸提作用，同样会将果皮中的色素带入葡萄酒。

当红葡萄破碎时，破碎机两轮间的间距应比破碎白葡萄时大一些，以防止把红葡萄的果皮压碎，使色素溶入葡萄汁。红葡萄破碎以后，经过果汁分离机的分离，可以得到颜色很浅的自流汁。将葡萄浆送入压榨机中进行2次压榨后，分别得到色泽浅的轻榨葡萄汁和颜色深的重榨葡萄汁。

生产葡萄酒时，可以用自流汁和轻榨葡萄汁酿造白葡萄酒，但应将轻榨葡萄汁进行一次沉淀处理，除去浅色葡萄汁中可能混入的果皮碎片，使葡萄汁有较满意的色泽。可用压榨汁酿造桃红葡萄酒，深色葡萄汁酿造红葡萄酒。

采用红葡萄生产白葡萄酒，在获得浅色葡萄汁后，余下处理工艺与白葡萄酒的生产工艺相同。采用红葡萄制成的白葡萄酒，由于在生产葡萄汁的过程中或多或少地带入了一部分葡萄皮中的红色素，因此葡萄酒中往往带有极轻微的浅红色。如果要获得质量较好的无色白葡萄酒，就需要对生产的葡萄汁或生产的白葡萄酒进行脱色处理。

葡萄汁或白葡萄酒脱色的方法主要有活性炭和亚硫酸脱色法，通风与亚硫酸脱色法，通风与活性炭结合脱色法，亚硫酸脱色法，添加明胶、皂土等澄清剂法等。

（1）活性炭和亚硫酸脱色法　活性炭有许多微孔，对色素有很强的吸附力，但活性炭对色素类物质的吸附没有选择性，它会吸附葡萄酒中的部分香味物质，使酒质量下降。因此，活性炭脱色法只适用于葡萄汁的脱色，不能用于葡萄酒的脱色。在葡萄汁中加入0.1~0.5g/L的偏重亚硫酸钾，然后再加入0.5~1.5g/L的活性炭，在室温条件下静置10~12h。待葡萄汁中的色素消失，抽取上清液用于生产干白葡萄酒。

（2）通风与亚硫酸脱色法　向静置澄清后的葡萄汁中通入适量空气，由于氧化作用，葡萄汁中会出现棕色的色素沉淀。但通风量不可过多，否则葡萄汁会发黄。当葡萄汁刚刚开始发黄时加入0.06~0.1g/L的偏重亚硫酸钾，以阻止氧化和发酵的继续进行，葡萄汁会变成无色。加入偏重亚硫酸钾后静置一段时间，澄清后抽取上清液即可。

（3）通风与活性炭结合脱色法　当采用通风与亚硫酸脱色法脱色时，在葡萄汁还不能完全脱色或者氧化稍过，葡萄汁已经发黄时，向葡萄汁中加入0.5~1g/L的活性炭，间隔一段时间后再向葡萄汁中压入少量空气，经过24h左右的处理，即可得到清亮无色的葡萄汁。

（4）亚硫酸脱色法　在红葡萄生产的葡萄汁中加入0.2~0.3g/L的亚硫酸，由于亚硫酸的氧化与漂白作用，葡萄汁的颜色消失，成为无色的葡萄汁。当亚硫酸挥发或与其他物质化合后，葡萄汁中的亚硫酸浓度降低，葡萄汁的颜色又会重新出现。因此，此法不太实用。

在上述几种红葡萄生产白葡萄酒的脱色方法中，最为有效的是活性炭和亚硫酸脱色法。含通风的脱色方法，会使葡萄汁部分氧化，对酒质有影响。葡萄汁经脱色处理，得到无色葡萄汁，就可以按照白葡萄酒的生产工艺酿出白葡萄酒。处理过的酒通常与白葡萄酒勾兑作为起泡葡萄酒的基酒或普通白葡萄酒。这种白葡萄酒生产工艺不被认为是适宜生产优质干白葡萄酒的长期策略。

四、注意事项

1）在整个酿造过程防止氧化，强调维生素 C 和 SO_2 的协调使用。尽量减少对葡萄的机械处理强度及与 O_2 的接触。

2）采用低温澄清工艺，利用低温澄清，获得澄清度高的葡萄汁。做好酶制剂、酵母及酵母营养素的选择，低温发酵。

知识拓展

在漫长的葡萄酒生产历史中，葡萄酒生产设备由简单到复杂，设备种类由少到多，容量由小到大，由手工操作到机械化、自动化，而且生产不同品种的葡萄酒所使用的发酵设备也各有特点。作为葡萄酒的生产设备从实用的角度讲应满足：发酵设备的容量能够满足葡萄酒生产的要求；发酵设备的材料应不溶出或极少溶出对葡萄酒产生不利影响的物质；发酵设备应符合所生产的葡萄酒品种的特殊要求，并能够确保酿酒的正常进行和葡萄酒的质量；发酵设备的容量应与葡萄酒生产工厂的生产能力相适应，尽可能采用定型、机械化、自动化的设备。发酵设备应力求操作简单，结构合理。

1）木桶。木桶是葡萄酒酿造使用最早的设备，由于用木桶酿成的酒的橡木风味比较好，因而直至今天传统葡萄酒酿造国家依然坚持用木桶作为葡萄酒发酵和贮酒的生产设备，新世界也延续着传统工艺的处理方式。一些葡萄酒的发酵过程必须在橡木桶中进行，如西班牙生产的雪莉酒，它的陈酿期不少于 3 年，而且必须在容量为 500L 的小橡木桶中进行陈酿。

发酵生产使用橡木桶较多，烘烤程度与材质的不同导致其呈现的香气与风味也不尽相同，根据所要达到的风味要求及酿造酒的不同类型，应慎重选择不同的橡木桶。主要橡木树种有主产于法国、奥地利、捷克等国家的卢浮橡和夏橡，以及主产于美国的美国白栎。这 3 种树的木纹结构特点相似，但理化组成与呈香特性均有不同。欧洲橡木的香气较为优雅细致，易于与葡萄酒的果香和酒香融为一体；而美国白栎的香气较为浓烈，较易游离于葡萄酒的果香和酒香之上。而且人们发现经过适度烘烤的橡木桶可以赋予酒体更馥郁、更怡人的香气，经其陈酿的葡萄酒的口感也更加柔和饱满。

扫码看视频

2）贮酒罐。随着葡萄酒大型工业化、自动化和半自动化的生产需要，传统的发酵和贮酒容器已无法满足要求。因此，越来越多的工厂采用大型贮酒罐来生产和贮藏葡萄酒。

贮酒罐贮酒能力大，可放在室内，也可室外露天放置；机械化、自动化程度高，清洗和杀菌彻底、方便。生产贮酒罐的材质主要有两种：不锈钢和碳钢。

①不锈钢罐易清洗、耐腐蚀、对酒质无不良影响，是使用广泛的设备。当使用不锈钢罐时，所有的焊口部分应进行钝化处理，否则焊口发黑，很容易将铁离子带入葡萄酒中造成污染。

②碳钢罐使用前必须涂一层耐腐蚀、不易脱落的环氧树脂涂料，以防罐壁生锈。贮酒罐可卧式和立式安装。卧式贮酒罐采用吕字或品字形重叠安装，以提高酒库的利用率，当两个罐重叠安装时，罐与罐中间要用钢枕隔开，罐间距不少于300mm。贮酒罐的体积大小，应根据工厂的生产规模和实际需要选择，尽可能采用已定型的贮酒罐。罐的体积相差悬殊，一般为20~600m^3，经常见到的是30~350m^3的贮酒罐。

学习评价

学习评价单

序号	评价内容及分值	评价标准	学生自评 10%	小组互评 10%	教师评价 60%	企业评价 20%
1	学习方法 10分	课前完成必备知识的自学；课中认真观察思考，并主动操作实践；课后归纳反思				
2	学习态度 20分	工作态度端正，具有吃苦耐劳、诚实守信、认真负责的品质，对知识和技能能够认真学习、钻研				
3	沟通表达 10分	能够及时与同组成员及指导教师、技术人员沟通交流				
4	合作能力 10分	团队协作意识强				
5	创新实践 10分	能够结合实际实训情况进行操作				
6	职业能力 10分	能够进行干白葡萄酒的酿造				
7	学习成果 30分	能准确选择酿酒葡萄品种进行干白葡萄酒的酿造，能准确应用果胶酶、SO_2、发酵剂等葡萄酒酿造原辅料				
		合计				

07 项目七
葡萄酒后处理

项目导学
- 葡萄酒的后处理技术对于提升酒体品质、保障口感纯净、增加稳定性和提升市场竞争力等方面都具有重要作用。因此,在葡萄酒生产过程中,应充分重视后处理技术的运用和发展,不断提升葡萄酒的品质和市场竞争力。

项目目标
- 知识学习目标:了解葡萄酒后处理技术,掌握葡萄酒贮藏的基本要求、葡萄酒澄清与防治技术、葡萄酒的病害与防治技术、葡萄酒的包装技术。
- 技能培养目标:能够选择合适的条件贮藏葡萄酒,选择合适的方法对葡萄酒进行澄清以提高酒液的稳定性,可以对葡萄酒的病害进行防治,为葡萄酒选择合适的包装。
- 职业情感目标:激发学生探索葡萄酒后处理技术的兴趣,培养工匠精神、创新意识和探索精神。

相关知识

一、葡萄酒的贮藏

刚酿造出来的葡萄酒,不论其香气还是口感都十分浓郁和强劲,需要一段时间熟成才会变得柔和,更容易被人接受。葡萄酒熟成通常是在橡木桶或是不锈钢的容器中进行。红葡萄酒经常在橡木桶中完成这个过程。葡萄酒不仅可以吸收新橡木桶的香气,还可以通过橡木桶上细微的空隙进行呼吸,变得柔和。

扫码看视频

葡萄酒经过一系列的酿造工艺后,一般还需要熟成一段时间才能达到最佳饮用期。并且,葡萄酒是有寿命的,不同类型的葡萄酒的寿命差异很大,80%~90% 的葡萄酒(大多在 100 元以下)没有成长期,出厂后就是最佳饮用期,4~5 年后就开始衰老;约 10% 的葡萄酒出厂后放 3~5 年后开始进入最佳饮用期;还有 1% 的高端葡萄酒可以放置 10 年甚至更长时间才进入最佳饮用期。

(一)葡萄酒贮藏条件

葡萄酒贮藏罐贮藏要求如下:

1)贮藏罐要求无毒、无味、小口有塞玻璃或塑料的,体积以葡萄酒倒入后满口为佳,以避免剩余空间里的 O_2 氧化葡萄酒。

2）对贮藏罐进行消毒。对后发酵的葡萄酒进行转罐，一般用虹吸法吸取澄清的酒。

3）贮藏温度最好保持在20℃左右，忌温度频繁变动。

4）如果在贮藏期发现罐底还有较多的酒泥沉淀，可进行转罐，抛弃沉淀物。

5）发酵刚结束的葡萄酒，酒体粗糙，酸涩，饮用质量差，通常称为生葡萄酒。其只有经过一段时间的贮藏陈化，酒中发生一系列的物理、化学变化后，才能达到最佳的饮用质量。贮藏时间为3~6个月。果胶酶用量为30~50mg/L（将果胶酶加入100倍的净水溶解并搅拌几分钟）。酵母用量为200mg/L，把它放进10倍的35~38℃纯净水里搅拌，静置15~30min，进行活化。

（二）葡萄酒贮藏过程中的化学反应

1. 氧化反应

在葡萄酒的贮藏过程中氧是必需的，但氧含量过多则会引起葡萄酒通气不利。例如，酒石酸通过氧化反应转变为草酰乙醇酸，酒精发生氧化反应转变为乙醛，使葡萄酒产生氧化味。

2. 酯化反应

发酵和贮藏过程中都有酯的生成。酒中乙酸乙酯含量一般为40~160mg/L，若超过200mg/L，则具有醋酸味和特殊的气味。葡萄酒中酯类来源于3个途径：一是葡萄品种自身的芳香物质；二是酵母菌和细菌活动形成；三是贮藏中酯化反应生成。

酯类是产生果香和酒香的重要物质，随着陈酿其作用逐渐消失。

3. 单宁和色素的变化

单宁和色素除了发生氧化，形成复合物外，还都能够与蛋白质、多糖聚合，花色素苷还能与酒石酸形成复合物，导致酒石酸沉淀。

4. 醇香的形成

随着陈酿，产生果香、酒香物质的浓度下降，醇香产生并变浓，它由果香转变而来即源于葡萄的果香物质或其前体物。最浓郁的还原醇香是在氧化还原电位降至最低时达到的。醇香形成需要的条件如下：

1）还原条件为密封、SO_2、温度、微量铜。

2）灌装前适当氧化，产生一些还原性物质，有利于瓶内的还原作用。

（三）葡萄酒陈酿工艺

葡萄酒经过陈酿过程，可以促进酒中杂醇类物质的分解，提升葡萄酒的口感。

1. 温度对陈酿的影响

在低温和给定的时间内发生的反应几乎在较短时间和较高温度下也会发生，经常将Q_{10}（温度系数，每升高10℃酶催化反应速率的变化倍数）估算为2，即（t+10）℃时的反应速度大约是t℃时的2倍。即如果在20℃条件下反应6个月，则等效于20℃条件下反应3个月加10℃条件下反应6个月的反应进程。

陈酿温度一般大于 10℃，低于 20℃，不宜超过 25℃，推荐白葡萄酒为 13℃，红葡萄酒为 15℃。温度范围不能太宽，否则高温期出现太多的变化足以改变陈酿需要的时间。

储酒室温度条件一般控制在 8~18℃，其中干红和干白葡萄酒 10~15℃、白葡萄酒 8~11℃、红葡萄酒 12~15℃、甜葡萄酒 16~18℃、山葡萄酒 8~15℃。室内湿度饱和（温度为 85%~90%）；清新空气流通；卫生状况良好。

2. 陈酿中氧的控制

在传统的葡萄酒生产国及美国、澳大利亚，几乎所有的红葡萄酒和 85% 的霞多丽经橡木桶陈酿。

红葡萄酒中酚类物质陈酿需要适量的氧。以氧化还原电位来衡量，经过橡木桶陈酿的葡萄酒需要控制在 200~350mV，不锈钢罐则小于 200mV。

葡萄酒需要的通氧量与酒体有关，单宁少，则通氧量少。可以测定氧化还原电位、溶氧量、品尝酒样（每天或每周几次）以确定通氧量，使用高纯度的 O_2，一般通氧量为陈酿初期每个月 60~100mL/L，陈酿中后期每个月 10mL/L。

3. 用橡木桶陈酿葡萄酒

橡木桶的微透气性（控制性氧化）和橡木桶成分的介入（香气和口感）是橡木桶陈酿的作用。

橡木具有防水、韧性好、容易制作、热绝缘性好、有木质孔隙、优雅芳香等特点，选择橡木桶时要考虑树种、树龄、板材的位置、烘烤程度、桶的大小 – 比表面积（容积减少 10 倍，比表面积增加 2 倍，容积增加 1000 倍，比表面积减少至 0.1。200L 的橡木桶适合陈酿 3 年，20L 的橡木桶适合陈酿 1.5 年，200000L 的橡木桶可陈酿 30 年）。一般使用 200L 的橡木桶，其比表面积为 90cm^2/L，易于操作，陈酿时间为 6~24 个月。

酒窖需要控制温度、湿度（80%~90%）、光、振动、臭味，保持空气流动，定期冲洗橡木桶的表面，防止浮尘进入酒中。

橡木桶陈酿管理要求如下：

1）尽早装桶，应带悬浮物，可以给葡萄酒带来多糖和蛋白质。

2）前 3~4 个月加大通气量。

3）合理的 SO_2 浓度为 20~25mg/L。

4）温度低于 17℃，防止挥发酸含量过高。

5）掌握口味变化的规律，及时中止橡木桶陈酿。

6）注意橡木桶是有寿命的。防止橡木桶干燥，防止微生物繁殖。

4. 酒瓶贮藏要求

（1）贮藏时间　每种葡萄酒在饮用前，都需要贮藏一段时间。准确的贮藏时间取决于对新鲜与醇香两者的取舍。并不是说陈酿很久的葡萄酒就可放心饮用，因为葡萄酒的贮藏也是有期限的。适宜陈酿的葡萄品种有霞多丽、雷司令、赤霞珠、梅洛等。一般来说，红葡萄酒应在 5 年内饮用。

(2)贮藏温度 温度是葡萄酒贮藏最重要的因素,这是因为葡萄酒的味道和香气都要在适当的温度中才能更好地挥发,更准确地说,是在酒精挥发的过程中产生最令人舒适的风味。若酒温太高,苦涩、过酸等味道便更明显;若酒温太低,应有的香气和美味又不能有效挥发。

贮藏葡萄酒的温度最好保持恒定,尽量避免短期的温度波动。通常温度越高,酒的熟化越快;温度低,酒的成长就会较慢。通常贮藏葡萄酒的最佳温度为10℃,一般来说,7~18℃的温度也不会对酒有损害。要尽量避免酒窖内的温度波动,温度不稳定会给葡萄酒的品质带来一定的影响,尽量避免在20℃以上长期贮藏葡萄酒;也不能低于0℃,否则葡萄酒会形成酒石沉淀,从而降低酒的酸度。

当然,成熟速度的变化也随酿酒所用葡萄品种、酿造方法不同而具有差异。不同葡萄酒最佳贮藏温度见表7-1。

表7-1 不同葡萄酒最佳贮藏温度

类型	最佳贮藏温度/℃
半甜、甜型红葡萄酒	14~16
干红葡萄酒	16~22
半干红葡萄酒	16~18
干白葡萄酒	8~10
半干白葡萄酒	8~12
半甜、甜白葡萄酒	10~12
白兰地	<15
香槟(起泡葡萄酒)	5~9

(3)放置角度 水平放置葡萄酒瓶,是最科学的贮藏方法之一,在其四周还要放一些包装物品,这样软木塞可充分保持湿润、膨胀,使葡萄酒完全隔绝空气。不要将酒瓶垂直放置,否则软木塞会慢慢变干而缩小,使葡萄酒接触空气,从而使葡萄酒氧化变质。饮用前数小时可将酒瓶竖直放置,让沉积物逐渐沉淀下去。

(4)贮藏湿度 湿度主要影响软木塞,一般认为60%~70%的湿度是比较合适的。湿度太低,软木塞会变得干燥,影响密封效果,让更多的空气与酒接触,加速酒的氧化,导致酒变质。即使酒没有变质,干燥的软木塞在开瓶时也更容易断裂甚至碎掉,这时就难免有很多木屑掉入酒中。湿度过高也不好,软木塞易发霉,而且酒窖中还容易滋生一种甲虫,会咬坏软木塞,从而导致酒变质。

(5)避免阳光直射 光照中的紫外线对酒的损害也是很大的,它也是加速酒的氧化过程的主要因素之一。因此,想要长期贮藏的葡萄酒应尽量放到避光处。虽然墨绿色酒瓶能够遮挡一部分紫外线,但不能完全防止紫外线的侵害。

（6）避免振动　葡萄酒装在瓶中，其变化是一个缓慢的过程，振动会让葡萄酒加速成熟，当然结果也是让酒变得粗糙。因此应将葡萄酒放到远离振动的地方，而且不要经常搬动。

二、葡萄酒的人工澄清与稳定

澄清就是通过沉淀、下胶和过滤等方式去除葡萄酒中的沉淀物以净化和稳定酒液的过程。大多数葡萄酒在灌装之前都需要进行澄清，以去除造成葡萄酒混浊的物质并提高酒液的稳定性。

葡萄酒在贮藏陈酿期要确保满罐密封，及时进行添罐，保持一定量的 SO_2、适宜的温度，采取合理地转罐、监测挥发酸、澄清稳定措施。

1. 葡萄酒的人工澄清

人工澄清就是人为促进使葡萄酒变混浊或将使葡萄酒变混浊的胶体物质絮凝沉淀并将之除去，以确保葡萄酒现在和将来的澄清度和稳定性。方法包括转罐、添罐、下胶等。

（1）转罐　转罐（换桶）是指将酒从一个贮藏容器转移到另一个贮藏容器，同时采取各种措施以确保酒液以最佳方式与其沉淀分离的一种操作。合理地转罐时间、频率大概为 3~4 次/月，转罐的注意事项如下：

1）澄清。将葡萄酒与酒脚分开，避免腐败味、还原味及硫化氢味等。酒脚中含有酵母和细菌，应避免引起微生物病害。酒脚中还含有酒石酸盐、色素、蛋白质及铁、铜等沉淀，应避免它们在升温条件下重新溶解于葡萄酒中。

2）通气。与空气接触，溶解部分氧，有利于葡萄酒的变化及稳定。

3）挥发。生葡萄酒的 CO_2 饱和，转罐有利于 CO_2 及其他一些挥发性物质的释出。

4）均质化。长期静置会形成不同的沉降层次，如各个层次的游离 SO_2 含量不同，转罐有利于酒液的均质化。

5）处理 SO_2。转罐时可调整葡萄酒中的游离 SO_2 含量。

6）清洗贮藏容器。利用转罐，对贮藏容器进行去酒石等沉淀物的操作。

（2）添罐　在葡萄酒熟化过程中，由于酒液蒸发及橡木桶（尤其是新橡木桶）的吸收作用会损失部分酒液，因此需要进行添罐，即往酒桶里添加葡萄酒，以避免葡萄酒与空气过多接触而导致其过度氧化。添罐要求最好使用品种和质量相同的原酒，白葡萄酒添罐进行得更加频繁，通常为 1~2 周 1 次至 1~2 个月 1 次，白葡萄酒的添罐往往与搅桶同时进行。红葡萄酒通常为每 2 个月进行一次添罐。现代化生产中会用浮盖法或充气法取代添罐这一工艺。

（3）下胶　在葡萄酒中，加入的大胶体分子团脱去分散剂形成小胶体分子团，带相反电荷的胶体粒子相互吸附，失去带电性，并且因质量增大而沉降，实现澄清。而多数悬浮在葡萄酒中和附在容器壁上的物质都带负电荷，如聚合单宁、色素物质、酵母、细菌、皂土、硅藻土、活性炭等；只有过滤时纤维带入的纤维素、蛋白质，产生雾浊和用于下胶的含氮物质带有正电荷。

此外，下胶的过程中，蛋白质会与单宁形成絮凝；单体酚、小分子酚被聚酰胺类、聚乙烯聚吡咯烷酮（PVPP）和尼龙等合成聚合材料反应转化；酒中的蛋白质被具有较强吸附能力的土类吸附；不愉快的气味可以被硫酸铜或其他物质除去；细微的胶体颗粒和预沉淀物则会被其他胶体物质的筛析作用除去。

除了常见的下胶材料皂土、明胶、鱼胶、蛋清、酪蛋白、PVPP 外，含羰基氧原子的材料（如尼龙、聚酰胺），也可用于复合滤板，增强吸附性能；亚铁氰化物能够除去铁、铜及其他的一些螯合剂；硫酸铜可以吸附硫化氢、硫醇；活性炭对苯环化合物和非极性物质有很强的亲和性，吸附无选择性，常用作脱色脱味剂；硅溶液可以用于澄清和沉降。

白葡萄酒大多采用酪蛋白、壳聚糖或鱼胶作为下胶剂，而红葡萄酒通常采用蛋清作为下胶剂。相比之下，皂土、明胶和水溶性二氧化硅的适用性更为广泛，可用于白葡萄酒、桃红葡萄酒和红葡萄酒。

下胶过量经常出现在白葡萄酒澄清过程中，用蛋白质特别是用明胶进行下胶，必须让蛋白质胶体全部凝絮沉淀，如果蛋白质过多就会造成下胶过量，这样的酒随着温度变化，与其他葡萄酒混合或者在橡木桶中贮藏，甚至灌装后软木塞浸出的微量单宁都可以让酒重新混浊。

2. 葡萄酒的稳定性试验

稳定是指保持澄清度并且无新的沉淀物生成，是以澄清为基础的。

稳定性试验是将葡萄酒置于最不良的贮藏条件，预判葡萄酒表现出混浊的可能性。

（1）氧化试验

1）氧化稳定试验。倒半杯葡萄酒置于空气中 12h，若在此期间不混浊，则该酒没有氧化变质的危险。

2）铁稳定性试验。将半杯葡萄酒置于空气中，若 12h 内酒变混浊，在混浊的葡萄酒中加入少许连二亚硫酸钠（$Na_2S_2O_4$）后重新变为澄清状，或加入 2mL 浓盐酸和 5mL5% 硫氰化钾变红，则为铁破败。

（2）铜稳定性试验　铜含量高于 0.5g/L，就有产生铜破败的危险，它主要发生在白葡萄酒和桃红葡萄酒中。方法：取一个无色瓶，装满葡萄酒，加入 0.5mL 8% 的亚硫酸，密封，水平置于非直射阳光下 1 周，如果葡萄酒变混浊，并且在通气后重新变清，则为铜破败。也可将葡萄酒瓶平放于 30℃ 的恒温箱中 3~4 周进行检验。

（3）冷冻试验

1）目的。检验酒石稳定性和色素稳定性。

2）方法。将葡萄酒装入无色透明的玻璃瓶中，加塞密封，然后放入温度为酒的冰点之上 0.5℃ 的冰箱中，保持 7d，每天观察透明度，可加入酒石酸晶粉。

3）对混浊的判断。离心分离，镜检，结晶即为酒石；絮状沉淀多为蛋白质或胶体沉淀；沉淀有色泽，则为单宁色素或单宁蛋白质沉淀物。

（4）酒石稳定性试验　通过分析酒石含量来预测酒石稳定性：若酒石含量低于0.7g/L，则该葡萄酒酒石稳定。

冷冻处理前后电导率的变化值小于25μS/cm，葡萄酒是稳定的；大于25μS/cm小于50μS/cm，有酒石沉淀的危险；大于50μS/cm，则酒石不稳定。

（5）热稳定性试验

1）目的。主要检验白葡萄酒的蛋白质稳定性。

2）方法。将白葡萄酒于55℃热处理24h，如果在48h和72h混浊沉淀，则多为酚类化合物不稳定或单宁蛋白质不稳定。加单宁80℃处理30min，冷却后出现絮凝沉淀，表明具有引起瓶内蛋白质破败的过量蛋白质。例如，将白葡萄酒加热至75~80℃，保持10min左右，使蛋白质遇热凝结，然后通过过滤、加入蛋白酶法、添加皂土或蛋白质指示剂的方法来检验。对瓶装酒采用加热的方法较好。

（6）注意事项

1）用于稳定性试验的酒样必须是澄清的，澄清是稳定性试验的前提。

2）红、白葡萄酒都需要进行的稳定性试验项目：氧化、微生物、铁、酒石。

3）只有红葡萄酒需要进行的项目：色素。

4）只有白葡萄酒需要进行的项目：蛋白质、铜。

5）桃红葡萄酒容易出现与白葡萄酒相同的混浊；而甜型葡萄酒和开胃酒容易出现红葡萄酒型的混浊。

3. 葡萄酒稳定性处理

对葡萄酒进行稳定性试验，对不稳定的项目进行处理并再次进行稳定性试验，只有稳定的葡萄酒才能装瓶。稳定性处理的方法包括热处理、冷处理及其他方法。

（1）热处理　热处理可以阻止微生物活动，但其作用不局限于杀菌。将葡萄酒进行热处理能够加速成熟和提高稳定性，影响果香。

处理方法：一是热灌装，即先处理，然后趁热（45~48℃）灌装；二是先灌装，然后进行热处理。热处理的方法和目的不同，处理的温度和时间也有差异（表7-2）。

表7-2　葡萄酒热处理条件

处理方法	处理目的	处理温度和时间
巴氏灭菌	灭菌	55℃、60℃、65℃数分钟
瞬时巴氏灭菌	灭菌、酶学稳定化	90℃数分钟
热灌装	灭菌	加热到46℃或48℃，自然冷却
热稳定化	除去白葡萄酒中的蛋白质	75℃处理15min、60℃处理30min
	除去过量的铜	75℃处理15~60min
调节空气的陈化	某些葡萄酒的陈化	30~45℃处理数天
	瓶中陈化	19~22℃贮藏数周

（2）冷处理　对葡萄酒进行冷处理，能够改善质量，提高其稳定性。处理方法为快速降温，并将葡萄酒保持低温一定时间，低温过滤，最后将处理后的酒与欲处理的酒进行温度交换。

在冷处理的过程中一定要注意，葡萄酒应迅速强烈降温，使酒体在短时间内（5~6h）达到需要冷处理的温度，处理完毕后应在同温度下过滤，白葡萄酒在处理时应采用CO_2保护，以防止氧化。

（3）其他方法

1）离子交换处理。除去金属离子和酒石酸盐。

2）阿拉伯树胶处理。可在灌装过滤前加入100~250mg/L阿拉伯树胶，作用是阻止非稳定胶体的凝结。一定要注意这种方法不能用于贮藏时间长的葡萄酒。

3）偏酒石酸处理。偏酒石酸能够抑制酒石结晶沉淀，在灌装过滤前加入。偏酒石酸一般用于很快被消费的葡萄酒。

4）活性炭处理。装瓶过滤前用于白葡萄酒脱色。

（4）注意事项

1）要灌装的葡萄酒的所有项目都要稳定。

2）任何葡萄酒都需要有良好的微生物稳定性。

3）根据不稳定的原因，能自行恢复的就不需要专门处理，不能自行恢复的应及时处理。

三、葡萄酒的病害与败坏

各种微生物在葡萄酒中生长繁殖，会使葡萄酒失去原有的风味，这种现象称为葡萄酒的病害；而葡萄酒由于受到内在或外界各种因素的影响，发生不良的理化反应，使外观及色、香、味发生改变的现象，称为葡萄酒的败坏。

（一）葡萄酒产生病害与败坏的原因

1）工艺条件控制不当。如发酵不完全、残糖含量高，提供了微生物生长的营养。

2）在发酵和贮藏过程中，葡萄酒温度过高，达到了各种有害微生物繁殖最适宜的温度。

3）在贮藏过程中，由于酒精度低（13%vol以下）而不能抑制杂菌繁殖。

4）葡萄酒中未加防腐剂或防腐剂含量太低，或杀菌不彻底。

5）生产中，原料、设备及环境不符合卫生要求。

（二）葡萄酒的病害与败坏的检查方法

1. 观其色、闻其香、尝其味

病酒一般具有不透明、混浊、失光、香气不正、酒味平淡甚至有杂味等特征。

2. 显微镜检查

若显微镜检查发现大量微生物，则酒已变质。

3. 测定挥发酸含量

正常情况下，葡萄酒的挥发酸含量（以酒石酸计）不超过 0.7g/L；若超过 0.8g/L，则表明葡萄酒已发生病害。

（三）葡萄酒的病害及其防治

1. 由产膜酵母引起的病害

产膜酵母又名生花菌、生膜酵母，它比一般酵母稍扁、长，出芽生殖，为好氧性酵母。当葡萄酒暴露在空气中时，开始在酒液表面生长一层灰白色、光滑而薄的膜，逐渐增厚、变硬、形成皱纹，并将液面盖满。一旦受振动即破裂成片状物而悬浮于酒液中，使酒液混浊不清。产膜酵母种类很多，主要是醭酵母。它适宜在酒精度低的葡萄酒中繁殖，特别是在通风、温度为 24~26℃ 及酒精度小于 12%vol 的条件下，能使酒精分解生成水和 CO_2，导致葡萄酒的酒精度下降，口味平淡，产生不愉快的气味。

防治方法　发酵罐、橡木桶使用前用 1%~2% 亚硫酸溶液（SO_2）或热水（80℃以上）消毒。陈酿期应维持游离 SO_2 为 20~40mg/L 并定期检测补充。葡萄酒贮藏期间，用酒液填满容器，减少顶空（产膜酵母需氧）。

2. 由醋酸菌引起的病害

醋酸菌是葡萄酒酿造的大敌。有葡萄酒之处，就有醋酸菌在一起繁殖；一旦条件具备，醋酸菌就会迅速把酒精氧化成醋酸，使葡萄酒产生醋酸气味，有刺舌感，严重破坏酒质。醋酸菌开始繁殖时，先在液面生成一层浅灰色的薄膜，最初呈透明状，以后逐渐变暗或变成玫瑰色，并出现皱纹而高出液面。之后薄膜部分下沉，形成一种黏性的稠密物质。若任其继续发展，则最终使酒变成醋。其适宜在酒精度小于 12%vol、有充足的空气、温度为 33~35℃ 的条件下生长繁殖。

防治方法　发酵温度高，葡萄原料较差时，可加入较大剂量的 SO_2；在贮藏酒时注意添罐，无法填满时可采用充入 CO_2 的方法；注意酒窖卫生，定时擦桶、杀菌，经常打扫；对已感染上醋酸菌的酒，因无其他有效的办法来处理病菌，只能采取加热灭菌，病酒在 72~80℃ 保持 20min 即可。存过病酒的容器均要用氢氧化钠溶液浸泡，洗刷干净后用硫黄杀菌。

3. 由乳酸菌引起的病害

乳酸菌病害主要由乳酸杆菌引起，还有纤细杆菌，呈单个或链状。乳酸菌引起的病害常使酒出现丝状混浊物，底部产生沉淀，有轻微气体产生，具有酸白菜或酸牛奶的味道，这种病害多发于 3~4 月。

防治方法　适当提高酒的酸度，使总酸保持在 6~8g/L；提高 SO_2 含量，使其浓度达到 70~100mg/L，以抑制乳酸菌繁殖；对病酒采用 68~72℃ 温度杀菌；重视环境和设备的灭菌与卫生工作；发酵结束后，立即将葡萄酒与酵母分开。

4. 由苦味菌引起的病害

苦味菌病害是由于厌气性的苦味菌侵入葡萄酒而引起的。苦味菌分两种：一种专门侵害陈酿葡萄酒，另一种则专门侵害 2~3 年的葡萄酒。苦味菌多为杆菌，侵入葡萄酒会使酒变苦，它主要分解葡萄酒中的甘油为醋酸和丁酸。这种病害多发生在红葡萄酒中，且陈酿酒中发生较多。苦味主要来源于甘油生成的丙烯醛或没食子酸乙酯。

防治方法 主要采取 SO_2 杀菌及防止酒温过快升高的方法。若葡萄酒已染上苦味菌，应先将葡萄酒进行加热处理，再按下述各种方法进行处理：

1）病害初期，可进行下胶处理 1~2 次。

2）将新鲜的酒脚按 3%~5% 的比例加入病酒中或将病酒与新鲜葡萄皮渣混合浸渍 1~2d，将其充分搅拌、沉淀后，可去除苦味（酒脚洗涤后使用）。

3）将一部分新鲜酒脚同酒石酸 1kg、溶化的白砂糖 10kg 进行混合，一起放入 1000L 的病酒中，接着放入纯培养的酵母，使它在 20~25℃ 下发酵，发酵完毕后隔绝空气下过滤换桶。

4）受苦味菌侵害的酒在倒池或过滤时，应尽量避免与空气接触，因为一接触空气就会增加葡萄酒的苦味。

5. 其他微生物病害

（1）甘露蜜醇菌病害　若发酵温度过高（38~40℃）或发酵不完全，残糖继续发酵，产生 CO_2 使酒中蛋白质与单宁的聚合物及其他杂质形成胶体悬浮，可引起甘露蜜醇菌病害。发生该病害的葡萄酒会变混浊，同时葡萄酒有醋酸味和乳酸味，沉淀呈针状。

防治方法 加强发酵管理（如发酵要完全、加糖不能太多、发酵温度不能太高）；对葡萄酒进行冷冻、加热灭菌和下胶处理。

（2）油脂菌病害　该病害大多数发生在较寒冷的地区，且大多产生于新白葡萄酒中。油脂菌为黏稠芽孢杆菌，呈圆珠状，并连接成珍珠项圈形。病酒先是发浑，有变醋现象，最明显的特征是失去流动性、变黏。

防治方法 在 50~55℃ 的温度下杀菌 15min，或加入适量的亚硫酸并加入下胶剂沉淀，再进行过滤。

（3）都尔菌和卜士菌病害　都尔菌和卜士菌病害又称酒石酸发酵病。这种病菌大多呈杆状，能使葡萄酒中的酒石酸被破坏，酒的颜色发生变化。

防治方法 发酵时注意控制发酵温度，防止升温太快。

（四）葡萄酒的败坏及其防治

1. 金属破败病

土壤、肥料、农药等因素，使葡萄本身含有一定的金属元素；另外，若酒厂设备条件差，容器、管道、酒泵及工具等设备中的金属离子也会溶解到葡萄酒中，都会造成葡萄酒的金属离子含量过高而影响酒的质量和稳定性,其中主要造成铁破败病及铜破败病。

（1）铁破败病　葡萄酒中的二价铁与空气接触氧化成三价铁,三价铁与葡萄酒中的磷酸盐反应,生成磷酸铁白色沉淀,称为白色破败病。三价铁与葡萄酒中的单宁结合,生成黑色或蓝色的不溶性化合物,使葡萄酒变成蓝黑色,称为蓝色破败病。金属铁在葡萄酒中引起混浊取决于很多因素,如铁含量、酒中的含酸量与pH、氧化还原电位、磷酸盐的浓度及单宁的种类等。蓝色破败病常出现在红葡萄酒中,因红葡萄酒中单宁含量较高。白色破败病在红葡萄酒中往往被蓝色破败病所掩盖,所以它常出现在白葡萄酒中。

防治方法　要避免葡萄酒与铁质容器、管道、工具等直接接触；采用除铁措施（如氧化加胶、亚铁氰化钾法、植酸钙除铁法、麸皮除铁法及维生素除铁法等）,使铁含量降至5mg/L以下；添加柠檬酸：每100L酒中加入柠檬酸36g,可有效地防止铁破败病；但对已发生病害的酒,在使用柠檬酸后,应再加入一定量的明胶和硅藻土,经澄清、过滤,以除去沉淀和病害,柠檬酸、明胶和硅藻土的使用量应通过试验确定；避免与空气接触,防止酒的氧化。

（2）铜破败病　葡萄酒中的二价铜被还原物质还原为一价铜,一价铜与SO_2作用生成二价铜和硫化氢（H_2S）,二者反应生成硫化铜（CuS）,生成的硫化铜首先以胶体形式存在,在电解质或蛋白质作用下发生凝聚,出现沉淀。

防治方法　在生产中尽量少使用铜质容器或工具；在葡萄成熟前3周停止使用含铜农药（如波尔多液）；用适量硫化钠除去酒中所含的铜。

2. 氧化酶破败病

在霉烂的葡萄果实中含有一种氧化酶,它是葡萄霉菌代谢过程中的产物。当其达到一定含量时,若红葡萄酒与空气接触,则红葡萄酒会变为棕褐色,酒变得平淡无味,酒液混浊,最后变成棕黄色,本病称为氧化酶破败病（又称棕色破败病）。若白葡萄酒患该病,酒色发青、酒液混浊,最后转变成棕黄色。

防治方法　选择成熟而不霉烂变质的果实,做好葡萄的分选工作；对压榨后的果浆,在发酵前,应采取70~75℃加热处理,并使用人工酵母；适当提高酒精度、酸度和SO_2的含量,以抑制酶类的活力；对已发病的葡萄酒,调入少量单宁,并加热到70~75℃,杀菌、过滤。

3. 蛋白质沉淀

在葡萄酒中,存在着一定量的蛋白质,当酒中的pH接近酒中所含蛋白质的等电点时,易发生沉淀。此外,蛋白质还可以和酒中含有的某些金属离子、盐类等物质聚集在一起而产生沉淀,影响酒的稳定性。

防治方法　及时分离发酵原酒；进行热处理,可先加热,加速酒中蛋白质的凝结,然后冷处理,低温过滤、除去沉淀物；控制用胶量,葡萄酒澄清用胶时,必须通过小样试验确定用胶量,否则加胶过量会破坏酒的稳定性；加入蛋白酶分解葡萄酒中的蛋白质。

4. 生成酒石

在葡萄酒中会有大量的酒石酸（占葡萄酒总有机酸含量的50%以上），同时也含有一定量的钾离子、铜离子、钙离子等，所以在葡萄汁中存在一定浓度的酒石酸盐，主要是酒石酸钙和酒石酸氢钾，由于其溶解度小，常形成沉淀，俗称酒石，影响葡萄酒的稳定性。酒石酸钙和酒石酸氢钾的溶解度随酒精含量的增加及酒液温度的下降而减少。

防治方法 严格贯彻陈酿阶段的工艺操作，及时换池、清除酒脚、分离酒石；对原酒进行冷冻处理，低温过滤；用离子交换树脂处理原酒，清除钾离子和酒石酸。

5. 其他败坏

（1）苦涩味　苦涩味可能由果实感染苦味菌引起，也可能是由果核破碎、压榨过度及发酵温度过高等因素引起。可采取新鲜葡萄酒稀释、加入蛋白质等胶体与单宁结合并澄清过滤、使用精制白砂糖等措施来防治。

（2）霉臭味　若酿酒容器，尤其是木制容器未经彻底洗净就用于盛酒或酒窖潮湿不洁、发霉等，则容易滋生霉菌而污染酒；若发现此情况，应添加蛋白质或明胶澄清，过滤后所得的清酒应贮藏于清洁、无霉味的容器中。

（3）辛辣味　辛辣味主要来自葡萄酒中的醛类物质，皆由在贮藏期内管理不当所致。可采用新鲜葡萄酒或葡萄汁酌量调配，以减少辛辣味。

四、葡萄酒的包装

葡萄酒的包装是指为在生产、流通过程中保护葡萄酒，方便贮运，促进葡萄酒销售，按一定的技术方法所用的葡萄酒容器、材料和葡萄酒辅助物等的统称；也是指为达到上述目的在采用容器、材料和辅助物的过程中施加一定技术方法等的操作活动。

（一）包装材料

1. 酒瓶

酒瓶是包装中最主要的装置，酒瓶颜色应根据酒的品种选择，白葡萄酒使用浅绿色和深绿色；红葡萄酒则要求使用深绿色和棕色。瓶形要求美观大方并便于刷洗。葡萄酒瓶都以容量计，根据欧盟有关规定，葡萄酒瓶容量必须为750mL的倍数或相关数，所以多选择750mL的玻璃瓶来灌装葡萄酒。

玻璃作为葡萄酒瓶的材料时，要求玻璃中不含有酸溶出物。检查方法是将2%酒石酸溶液装入洗净的待检瓶中，溶液加热至沸腾，冷凉放置数天，如溶液发生混浊，这样的酒瓶就不能使用。要求瓶壁厚度均匀，耐温耐压性能良好，瓶口尺寸应符合标准。木塞包装对瓶口内径有相应规定，使用铝制螺纹盖对瓶口螺丝尺寸也有相应规定，具体要求执行 GB/T 37852—2019《玻璃容器　以容器底部作基准的高度和口部不平行度　试验方法》。

2. 木塞

在国外，优质葡萄酒仍强调使用木塞封口。木塞直接与酒液接触，木塞质量的好坏对酒的质量也有很大影响，木塞要求表面光滑无疤节和裂缝，弹性好，大小与瓶口吻合。木塞还要求有很高的摩擦因数，既可柔软滑动，又可防滑，也易被起塞，具有良好的密封作用，否则会造成酒的渗漏。但为了防漏，一般还要在木塞上进行堵漏处理，可用特殊胶水封堵，然后打光，也可衬一层玻璃纸。木塞使用前要进行处理，用温水洗净后再用1.5%的亚硫酸溶液浸洗，效果更好，同时可起到灭菌作用。

3. 铝制螺纹盖

铝制螺纹盖又称为防盗盖。我国已于1964年在烟台试制成功并投入生产，并于1969年由张裕改进工艺，提高质量，解决了扭不断的毛病。铝制螺纹盖有密封结实、开启方便、价格便宜、美观大方、便于机械化生产等优点。

（二）葡萄酒罐装

1. 洗瓶

洗瓶是一项很重要的工作，葡萄酒产品中含有夹杂物，大部分是洗瓶不净造成的。洗瓶方式有手工、机械化和自动化3种，但归纳起来大体可分为浸泡、刷洗、冲瓶、除水、检查5道工序。浸泡是其中的重要环节，使用氢氧化钠浸泡的作用有两个：杀死细菌芽孢，除去污物。氢氧化钠的浓度大，浸泡时间可以缩短；相反，时间就要延长（表7-3）。

表7-3　氢氧化钠溶液浸泡杀菌时间

氢氧化钠溶液浓度（%）	杀死芽孢所需要的浸泡时间/min	
	50℃	60℃
1	—	47
2	42	12
2.5	38	—
3	20	6
3.5	15	4
4	12	—
5	8	—

浸泡液浓度用波美比重计测量，如规定浓度降低，需进行补充。小型浸槽每半个月或1个月更换一次新鲜氢氧化钠溶液。洗旧酒瓶时，浸泡前应严格将盛过油的酒瓶挑选出来，特别是火油瓶，因为火油不能用氢氧化钠洗去，会给产品带来火油味。经浸泡的酒瓶用毛刷内外刷洗以除去污物，然后用压力为0.1417~0.1960MPa的清水冲洗，最后进行除水操作。

洗净的酒瓶逐个在灯光下检查是否洗净及破损，并抽查酒瓶是否有残留的氢氧化钠。检查方法是在瓶内滴入1~2滴1%的酚酞指示剂，如出现红色则证明有氢氧化钠存在。

对于新购进的外包装良好的葡萄酒瓶可按照 BB/T 0018—2021《包装容器　葡萄酒瓶》中的相关规定进行抽样检验。

2. 灌装

灌装，俗称装瓶，是把已经澄清处理符合质量标准的葡萄酒灌入玻璃瓶中，密封后销售。灌装也是一种很好的贮藏方法，但瓶装酒受到阳光、温度的影响，还是会发生混浊沉淀，因此灌装后应尽快销售。灌装的工艺要求有以下几点：

1）不混入任何夹杂物，所用工具设备应洗刷干净，灌装室卫生清洁，有防尘防蝇设施，并能保持一定的温度，操作人员工作衣帽齐全、整洁。

2）灌装的高度不要过高或过低。过高，空隙太小，酒没有过胀余地，容易引起顶塞、酒瓶破裂；过低，空隙太大，容易使酒氧化而降低稳定性。

3）灌装过程中应尽可能少接触空气，灌后立即封口，并要求封口严密，切忌渗漏和漏气。

4）应将灌装葡萄酒的游离 SO_2 的含量控制在 30~35mg/L，以确保灌装后葡萄酒的稳定性。

3. 除菌

（1）加热杀菌　酒精度为 16%vol 以上的葡萄酒不必杀菌，低于 16%vol 的葡萄酒灌装后应立即加热杀菌，杀菌温度可根据下列公式计算：

$$T_0=75-1.5Q$$

式中　T_0——葡萄酒杀菌温度，单位为℃；

　　　Q——葡萄酒的酒精度（按体积计）；

　　　75——葡萄汁杀菌温度，单位为℃；

　　　1.5——经验系数。

加热杀菌通常采用水浴杀菌方法。在带假底的木槽中摆好酒，然后加入冷水至瓶口以下 5~6cm，慢慢开启蒸汽，徐徐升温至要求温度。关闭蒸汽，保温 15min 左右，然后将水慢慢放出，取出晾凉。

（2）膜过滤除菌　采用加热杀菌的方法势必造成葡萄酒风味及感官上的损失，在酒体及环境卫生条件良好、机器自动化程度高的情况下，工业化生产葡萄酒使用的都是膜过滤技术除菌。通常在膜过滤器前端加装板框过滤机组，纸板的孔径为 0.65mm 以下，先进行粗滤，过滤膜的孔径为 0.45mm，葡萄酒通过膜后可以确保无菌。膜在使用过程中会有损坏，灌装前检测膜的完整性很有必要。可采用鼓泡点试验进行检测。

鼓泡点试验原理：用润湿溶液润湿滤芯，缓慢加压（空气或 N_2）至大量气体从下游流出，大流量出现时的最低压力即为鼓泡点压力。一定孔径的膜，在完整的情况下，其鼓泡点压力是一定的。在这一压力范围内，气体不能通过膜；但如果有大量的气体通过膜，则说明膜上已有大于标准孔径的孔洞存在，也就是说膜已破损。

鼓泡点试验只适用于孔径小于 1μm 的滤膜，微滤膜的检测方法如下：

1）彻底清洗膜后，在过滤器中装满无菌软水。

2）打开进、出酒阀门，放掉过滤器中的水；关闭进酒阀，打开出酒阀，将出酒口用软管连接，软管的另一头放入水槽中。

3）用软气管将调压阀与过滤器顶部进气口连接起来，关闭排气阀。调节气体调压阀，使气压缓慢上升，同时观察水槽中软管口气泡出现时的压力及大量排气时的压力；最大压力不得超过 3.5×10^5 Pa。

4）如果在鼓泡点压力下，没有或者只有少量细小气泡冒出，则证明滤芯完好且安装正确。反之，则证明或者膜的安装不正确，需要重新进行检查安装；或者是膜已损坏，需要进一步做单个滤芯的反向鼓泡点试验，进一步加以确认，并挑出已损坏的滤芯。不同孔径膜的鼓泡点压力见表 7-4。

表 7-4　不同孔径膜的鼓泡点压力

膜孔径/μm	0.2	0.45	0.65
鼓泡点压力/Pa	3.1×10^5	1.7×10^5	1.1×10^5

5）过滤器每次安装滤芯后必须做手动滤芯泡点试验，只有试验合格才可进行酒过滤灌装。正常灌装情况下，每次灌装前进行一次手动滤芯泡点试验以确保酒的过滤质量。

6）每次试验完毕要填写手动滤芯泡点试验记录表。

（三）注意事项

1）葡萄酒在灌装前必须确保充分的消毒或者除菌过滤。

2）酒瓶和瓶塞在使用前仔细检查并确保消毒彻底。

3）根据需要选择酒瓶的瓶形，但必须确保和瓶塞配套。

4）装酒量需要调整至最合适，装液过多或者不足都会对后期葡萄酒的质量造成影响；装酒量不能改变则从瓶塞的长度和打入深度调整装酒量。

5）注意卫生，必须确保瓶塞和酒瓶之间的间隙清洁卫生。

学习评价

学习评价单

序号	评价内容及分值	评价标准	学生自评 10%	小组互评 10%	教师评价 60%	企业评价 20%
1	学习方法 10 分	课前完成必备知识的自学；课中认真观察思考，并主动操作实践；课后归纳反思				

（续）

序号	评价内容及分值	评价标准	学生自评 10%	小组互评 10%	教师评价 60%	企业评价 20%
2	学习态度 20分	工作态度端正，具有吃苦耐劳、诚实守信、认真负责的品质，对知识和技能能够认真学习、钻研				
3	沟通表达 10分	能够及时与同组成员及指导教师、技术人员沟通交流				
4	合作能力 10分	团队协作意识强				
5	创新实践 10分	能够结合实际实训情况进行操作				
6	职业能力 10分	掌握合适的葡萄酒贮藏条件，掌握葡萄酒澄清技术、葡萄酒的病害与防治技术、葡萄酒的包装技术				
7	学习成果 30分	能选择合适的条件贮藏葡萄酒，选择合适的方法对葡萄酒进行澄清以提高酒液的稳定性，可以对葡萄酒的病害进行防治，为葡萄酒选择合适的包装				
	合计					

08 项目八
葡萄酒生产副产物的综合利用

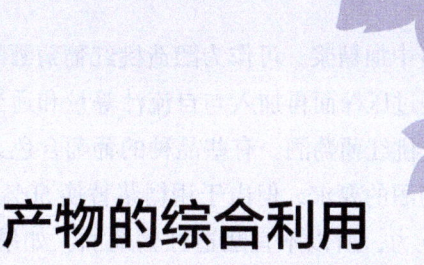

项目导学
- 葡萄酒生产过程中会产生多种副产物，如果渣、果核、酒糟、酒泥、酒脚等，这些副产物在综合利用方面具有很高的价值。葡萄酒生产副产物的综合利用对于提高资源利用效率、促进可持续发展具有重要意义。采用合适的技术手段和市场策略，可以实现副产物的最大化利用和产业的可持续发展。

项目目标
- 知识学习目标：了解果渣及果核、葡萄酒糟、酒泥、酒脚等副产物的利用技术，了解酒石酸钾盐的回收。
- 技能培养目标：能够选择合适的方法处理果渣及果核、葡萄酒糟、酵母酒脚等副产物，掌握酒石酸钾盐的回收方法。
- 职业情感目标：激发学生探索葡萄酒酿造副产物利用的兴趣，培养创新意识和探索精神。

相关知识

一、果渣及果核的利用

葡萄是世界上普遍栽培的水果之一，这些葡萄约 80% 用于酿酒，13% 用作鲜果，7% 用于加工果汁或其他葡萄制品。随着我国葡萄产量的增长和葡萄加工业的极大发展，每年产生约占葡萄加工量 25% 的皮渣废弃物，其中主要是果渣和果核等。目前，大多数葡萄酒厂都是将其作直接丢弃，不仅污染环境，而且对资源也是一种极大的浪费。因此，积极有效地开发这一资源，将其变废为宝，具有重要的意义。

（一）果渣的利用

广义的葡萄果渣，是指在加工过程中，残留下来、不能再用于酿酒的劣质葡萄，以及葡萄经过压榨、提取，剩下的果皮、果肉、果核、果梗等。狭义的葡萄果渣，则仅指葡萄果穗本身在加工（分选、破碎、除梗、压榨）过程中所剩留的葡萄皮渣，其中可残留一小部分的葡萄汁。

1. **果渣的发酵制酒**

使用优良品种葡萄酿造葡萄酒所得的果渣仍含有浓郁的果香及其他良好的酿酒成分。如采用合理的方法，还可用它酿出风味良好的佐餐葡萄酒。方法如下：

（1）向果渣中加糖浆，可作为酿造桃红葡萄酒的原料　在酿造优质干白葡萄酒时，把滴干的果渣不经过压榨而再加入与自流汁等量和适当糖度的糖浆，并补充适当量的酒石酸后，可用于酿造桃红葡萄酒。有些品种的葡萄含色素较高，这种果渣的色素浸出虽然也可满足酿造红葡萄酒的要求，但由于用糖浆替换 50%~60% 的葡萄汁，因而酒中浸出物含量低，缺乏陈化能力，所以不宜酿造红葡萄酒。如果由此酿造的桃红葡萄酒的色素含量过高，可通过加大下胶量或脱色处理达到要求。

（2）浸出法回收葡萄汁，用于发酵制酒　把尚未发酵的果渣装入浸出槽，在果渣上面均匀喷水。当水从果渣上部流下时，可将残留在果渣中的果汁成分洗出。通过调节水温，还可不同程度地浸提出固体部分的有效成分。如果把几个浸出槽串联起来，把第一个浸出槽底流出的浸出汁再喷于第二个浸出槽的果渣上面，以此类推，用最后一个浸出槽流出来的浸出汁酿造葡萄酒，也可得到果香突出、新鲜爽口、酒质柔顺的佐餐酒。

（3）直接发酵生产葡萄果渣白兰地或酒精　果渣中含有少量的葡萄汁或葡萄糖。应用固态直接发酵法，也可加进糖度 13~14° Bx 的适量糖浆后接种人工酒母，使其堆积发酵或下池发酵，然后经过蒸馏器（可利用白酒厂的成熟经验），提取白兰地原酒或葡萄酒精。但在葡萄酒发酵季节，有大量的果渣和酒糟产出，同时蒸馏也需要大量的蒸馏设备且设备利用率不高。因此，需要把果渣贮藏一段时间，延长蒸馏时间。

果渣或酒糟贮藏方法：贮藏容器是用水泥或砖池，把果渣或酒糟置于池内分层压实，装满后在其上抹一层黄泥，并用水将黄泥抹平，以隔绝空气。在贮藏期间，果渣缓慢发酵产生的 CO_2 会将池表面的黄泥冲破。因此，需经常检查，及时予以抹平。这样可将果渣或酒糟贮藏 3~5 个月不变质。

2. 从果渣中分别提取有效成分

含色素成分较高的果渣可用于提取食用色素，这在经济上是合理的。当然，为了取得较高的经济效益，应同时提取其他有效成分。从果渣中提取有效成分工艺流程见图 8-1。

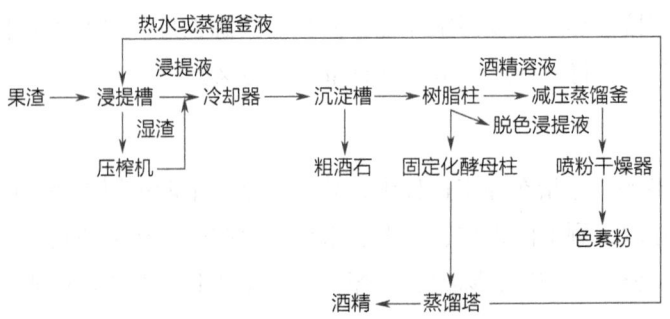

图 8-1　从果渣中提取有效成分工艺流程

由于色素很不稳定，花色苷很容易在空气中氧化聚合，因此要尽快处理果渣。把富含色素的果渣装入能够密封的浸提槽内，再从上面喷淋热水，热水进入浸提槽后，使果渣温度达到70℃，这有利于浸提和钝化氧化酶。浸提一定时间后从槽底部放出含有糖分、酒石酸氢钾和色素的浸提液。浸提液经冷却器进入沉淀槽，分离粗酒石之后通过树脂柱，色素被适当的树脂吸附下来。将分离色素之后的浸提液送去发酵，发酵后蒸馏获得酒精或白兰地。而蒸馏釜液需补充一部分热水。

当树脂被色素饱和后，用适当浓度的酒精溶液将色素洗脱下来，树脂得到再生。而把溶有色素的酒精溶液进行减压蒸馏，所得酒精溶液可重复使用。釜底得到的色素溶液经喷粉干燥，制得色素粉，也可把色素溶液进一步浓缩到含干物质 200~250g/L 的浓缩液中，进而冷却至 2~5℃下贮藏。虽然贮藏不如色素粉方便，但使用很方便，也可减少设备投资。经浸提后的湿渣经过压榨后得干渣，水分降到 50%~55%，然后用振动筛筛分，可分离出葡萄籽、果肉、果柄等。果肉与其他成分配合，可压成粒状饲料。

（二）果核的利用

葡萄的果核，即葡萄籽，葡萄皮渣经干燥后过筛即可分为葡萄皮与葡萄籽两部分。葡萄籽平均重量占葡萄的3%，占山葡萄的10%左右。葡萄籽可用于开发葡萄籽油和提取原花青素（原花色素）、单宁、蛋白质等。

（1）葡萄籽油的开发利用　葡萄籽含油脂丰富，一般为14%~18%，经过压榨或溶剂浸提即可得到葡萄籽油，有些国家已用葡萄籽制作精制食品油。自18世纪开始，欧洲就已用压榨法提取葡萄籽油，意大利将葡萄籽油与其他植物油混合作为烹调用油，阿根廷则用萃取法提取葡萄籽油以供食用。按葡萄籽含量为3%计算，10000t葡萄可出葡萄籽300t，按出油率为10%计，则可出油30t，这可成为一笔很可观的收入。纯葡萄籽油为浅黄色，主要成分为亚油酸（占70%左右）。除此之外，葡萄籽油中还含有镁、钙、钾、钠、铜、铁、锌、锰、钴等矿物质元素和维生素A、维生素D、维生素E、维生素K等。葡萄籽油含非碱化物很少，在空气中易氧化、发黏，相对密度为 0.9202~0.9350，皂化值最低为174、最高为208，能溶于苯。葡萄籽油脂肪酸的组成见表8-1。

表8-1　葡萄籽油脂肪酸的组成

名称	含量（%）
油酸	13.2~20.0
亚油酸	64.2~78.0
硬脂酸	3.2~4.0
棕榈酸	6.2~8.0
棕榈油酸	0.2~0.6
亚麻酸	0.2~0.1

葡萄籽油可用压榨法或溶剂萃取法获得。用沸点为110℃的汽油作为溶剂，萃取的油质量很好。萃取前须将葡萄籽磨碎，但不要磨得过细，含水量为10%左右，萃取接触时

间约为30min。萃取的葡萄籽油经过真空蒸发回收溶剂后，用过热蒸汽脱臭，再用氢氧化钠溶液除去游离脂肪酸，活性炭脱色，即得精制葡萄籽油。葡萄籽油很容易氧化，加工和贮藏期间要注意采取隔氧措施。

精制葡萄籽油可作为食用油，能预防血管硬化、促进油脂在体内的新陈代谢，同时可以保护人的皮肤发育和促进皮肤的营养，使皮肤光滑细腻。有的国家将这种油专供高空作业人员特别是飞行人员食用。

（2）葡萄籽提取原花青素　提取油脂之后的葡萄籽残渣还含有原花青素，它是一种有着特殊分子结构的生物类黄酮，是目前国际上公认的清除人体内自由基最有效的天然抗氧化剂。据相关资料显示，其在体内的抗氧化能力是维生素E的50倍、维生素C的20倍。原花青素结构式见图8-2。

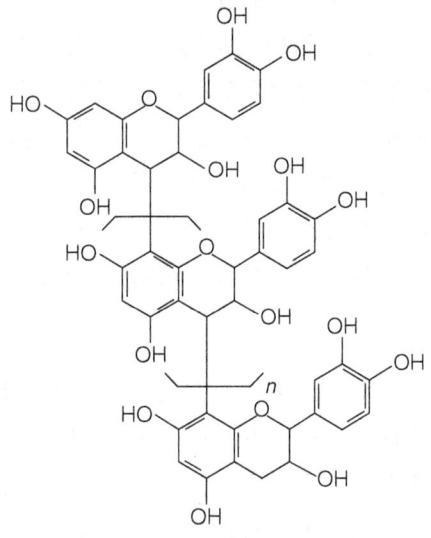

图8-2　原花青素结构式

因此，以葡萄籽为原料，用水、酒精等溶剂提取、分离、浓缩、精制，最后制成花色素（花青素）浓缩液。提取的浓缩液中原花青素的体积分数达到0.04~0.05，可作为果汁、饮料等的抗氧化剂，也可将其再浓缩和干燥，制取粉末状干燥制品。

（3）葡萄籽提取单宁　葡萄籽中含有10%左右的单宁，单宁是不同聚合度的黄烷-3-醇聚合物的混合物，可用于制药，也是皮革工业的鞣料，以及制造墨水、化工、印染工业的原料。葡萄籽提取油脂之后的部分，可用50%的酒精浸提，约10d滤出，滤出的残渣作为动物饲料，滤液合并蒸馏，先将酒精减压蒸馏予以回收，母液继续浓缩达一定浓度后，再经过喷粉干燥而成为单宁制品。

（4）葡萄籽提取蛋白质　葡萄籽提取油脂后，还可提取蛋白质，葡萄籽蛋白质是一种新型的蛋白质资源，含有18种氨基酸，其中人体所必需的8种氨基酸一应俱全，因此可用于生产强化食品、滋补剂等。葡萄籽蛋白质氨基酸的组成见表8-2。

表8-2　葡萄籽蛋白质氨基酸的组成

氨基酸	含量/（g/kg）	氨基酸	含量/（g/kg）
甘氨酸	46.0	精氨酸	73.2
丙氨酸	37.6	赖氨酸	28.1
缬氨酸	47.8	胱氨酸	2.5
亮氨酸	62.2	蛋氨酸	7.9

（续）

氨基酸	含量/（g/kg）	氨基酸	含量/（g/kg）
异亮氨酸	37.4	苯丙氨酸	41.0
丝氨酸	32.6	酪氨酸	34.0
苏氨酸	24.2	组氨酸	17.2
天冬氨酸	81.1	脯氨酸	53.6
谷氨酸	196.2	色氨酸	3.1

二、酒石酸盐的回收

酒石酸又称2,3-二羟基丁二酸，主要以钾盐的形式存在于多种植物和果实中，也有少量是以游离态存在的。酒石酸氢钾存在于葡萄汁内，难溶于水和酒精，在葡萄汁酿酒过程中沉淀析出，称为酒石，酒石酸的名称由此而来。酒石是果酒中唯一由葡萄酒酿造产生的副产物，含有50%~80%的酒石酸氢钾及6%~12%的重要酒石酸钙。粗酒石为酒石与其他杂质的混合物。

（一）粗酒石及其回收

1. 粗酒石

粗酒石主要来源于葡萄酒贮藏过程的沉淀物，白葡萄酒发酵所得的粗酒石为白色，称为白酒石；红葡萄酒发酵所得的粗酒石为红色，称为红酒石。葡萄酒由于介质浓度、pH、酒精度、温度等条件变化，酒石酸与酒中的钾离子、钙离子形成结晶，与酒中杂质、胶体等一起沉淀到容器底部，形成粗酒石。酒石可用于生产酒石酸及其盐类，广泛应用于化工、医药、食品、电镀等行业。

2. 粗酒石的回收

（1）从葡萄皮渣和废液中提取粗酒石　当葡萄皮渣和葡萄酒糟分别经过处理及蒸馏白兰地以后，都变成蒸馏酒糟，将其盛入蒸锅内，加入热水，水面淹没酒糟，盖好蒸馏器盖，用蒸汽煮15~20min，将煮沸溶液放至浅而开口的结晶槽中，冷却、结晶。当溶液冷却24~48h后，可在桶壁、桶底看到粗酒石的结晶体，其中含有80%~90%的纯酒石酸。由于结晶不完全，可将分离结晶的母液再加入蒸馏器内加热。如此反复操作，可得粗酒石结晶。

重复使用5次以后的母液，因含有蛋白质等杂质太多，溶解酒石的能力降低，可用新鲜的水交换其中1/5的母液；这份母液可加石灰乳中和，以便提取酒石酸钙。粗酒石和酒石酸钙则烘干备用。

（2）从葡萄酒酒泥提取粗酒石　葡萄酒酒泥是指葡萄酒在发酵池内或贮藏桶内，经过抽卸工艺，葡萄酒即被分离出去，剩下来的泥状沉淀物。葡萄酒酒泥的成分主要是酵母细胞、葡萄果肉碎屑、蛋白质凝固物等。酒泥不能直接提取酒石，需先用布袋将酒滤出。葡萄酒酒泥中重酒石酸钾及酒石酸钙的含量平均为 24% 左右，因生产工艺、葡萄品种、环境等条件不同而差异极大。

将酒泥投入蒸锅内，每千克酒泥加水 2L，加热煮沸，趁热用压滤机过滤，收取滤液。滤液积盛在结晶木桶内，悬挂麻绳数条，任其冷却结晶，从桶壁、桶底及麻绳上取结晶的粗酒石。每 100kg 酒泥，可得粗酒石 15~20kg，其中含 50% 的纯酒石酸，干燥后贮藏备用。

（3）从酒桶壁、桶底采取粗酒石　在葡萄酒的贮藏过程中，酒内含有不稳定的酒石酸钾，受到冷处理的影响，一部分酒石酸盐时常析出，或沉积于桶底，或附着在桶壁上。酒石的晶体形状为三角形，在容器的上部大而多，下部则小而少。在倒桶后，清空酒桶。对于结晶于桶壁或桶底的酒石，可用木槌或铁铲，采用刮削、振动、敲击等方法收集。应注意不要损坏涂料层或不锈钢桶的表面氧化层。

（二）酒石酸氢钾及其盐类的制取

1. 酒石酸盐含量的测定

称取试样 100g，加 3~4 倍的蒸馏水，加热煮沸，澄清，过滤上清液（过滤困难者可采用抽滤方法）；沉淀用热水洗涤 3~4 次，洗涤后澄清过滤。定容滤液至 1000mL，水浴中蒸发至 100mL，用氢氧化钾中和至中性，再用盐酸调整 pH 至 3~4。于冰箱中 0℃ 左右放置 10h，分离液体，结晶，于 40℃ 通风下干燥 4~6h，称重，称得的质量即为每 100g 试样中可得酒石酸氢钾的量。

2. 酒石酸氢钾及其盐类的制取

（1）酒石酸氢钾的制取　粗酒石中含 50%~80% 的酒石酸氢钾，需进一步精制。利用酒石酸氢钾溶解度随温度升高而增大且变化较大的性质，采用热熔后冷却结晶的方法进行提纯精制。酒石酸氢钾生产工艺流程见图 8-3。

粗酒石 ⟶ 加水 ⟶ 加热 ⟶ 溶解 ⟶ 加活性炭（1% 左右）⟶ 压滤 ⟶
成品 ⟵ 检验 ⟵ 烘干 ⟵ 离心分离 ⟵ 用去离子水加热溶解 ⟵ 冷却结晶 ⟵

图 8-3　酒石酸氢钾生产工艺流程

每次结晶后的母液可作为上道工序的溶剂使用，连续使用几次后需废弃一部分，以免因杂质含量过高而影响结晶质量。

（2）酒石酸钾钠的制取　酒石酸钾钠精制工艺流程见图 8-4。

操作要点：以 1:（1~2）的比例把粗酒石和冷水加入夹层锅中，搅拌洗涤，去除表面的悬浮杂质，然后边加热边搅拌，当温度上升到 80~90℃ 时，缓慢地加入 16~17kg 氢氧化钠，控制 pH 为 7~8，达到中和点时加水调节浓度。然后用布袋过滤，滤液流入结晶槽以后冷却结晶，大约需 24h 结晶完全。把母液抽出用于溶解粗酒石，捞出结晶后用冷水冲洗，洗涤液可用于溶解粗酒石。

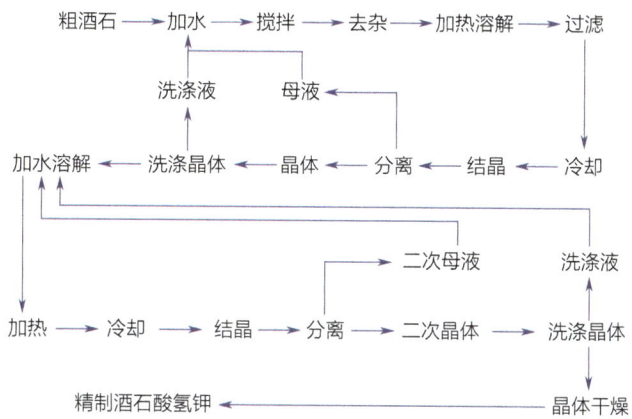

图 8-4 酒石酸钾钠精制工艺流程

把晶体重新加入夹层锅并加入 2 倍的水溶解，然后加入 0.05%~0.1% 的活性炭，加热至 80℃，保温 0.5~1h 后过滤，添加活性炭，以达到一次脱色完全为宜，无色滤液加热浓缩至需要的浓度后流入结晶槽，冷却结晶，分离二次母液和洗涤晶体。二次母液和洗涤液可用于溶解晶体，本次和下次洗涤水都要用蒸馏水。把二次晶体按上次温度再用蒸馏水溶解结晶一次，对晶体进行检验，如达不到要求继续溶解结晶的分离操作，直到纯度达到要求为止。每次结晶分离的母液和洗涤液都用于前面的晶体溶解。经检验合乎标准的酒石酸钾钠进行烘干即为成品。

三、葡萄酒糟和酒脚的综合利用

葡萄酒经发酵后，放出自流酒留下的酒糟称为湿糟。一般自流酒的量和湿糟量差不多。从湿糟中还可榨出 50% 的葡萄酒，经过压榨后的酒糟称为干糟。干糟还含有一定量的葡萄酒未榨出，对于这部分葡萄酒，可加去离子水浸出水酒，也可采用蒸馏法提取白兰地或分离出科涅克油。葡萄酒换桶时，原桶残留下的沉淀与浊酒称为酒脚，酒脚中含有较浓稠的科涅克油。一般用于蒸馏白兰地或分离出科涅克油。

（一）从酒糟、酒脚中蒸馏白兰地原酒

酒糟、酒脚可用固体蒸馏器直接蒸馏，也可直接用浸出法得酒（浸出方法同果渣浸出葡萄酒）后，再用蒸馏塔或壶式蒸馏器蒸馏。固体直接蒸馏的白兰地原酒有比较粗糙的香味，而用浸出酒蒸馏的白兰地原酒香味比较细致，减少了杂味，但蒸馏耗热多，大约 15kg 干糟可蒸出 1kg 50% 的白兰地原酒。

（二）从酒糟、酒脚中蒸馏酒精及分离科涅克油

科涅克油又名葡萄渣油，主要成分为庚酸乙酯，通常称为水芹醚，是一种名贵的调制白兰地的主要香料，其香气持久，扩散力强，具有甜蜜的酒香和果香，还有类似鸢尾凝酯

的迷人香气和隐约的玫瑰精油芳郁，如今也广泛用于食品和化妆品行业。

1. 科涅克油的成分及来源

科涅克油的成分很复杂，主要是高级脂肪酸和酒精生成的酯类，它主要来源于葡萄酒发酵过程中酵母死亡后的分解产物，大量的酵母存在于葡萄酒的酒脚中，酵母品种及分解的物质不同，蒸馏出的精油的性质和风味也有很大的差别。在较为浓稠的酒脚中可提取出 0.1%左右的科涅克油，而一般酒糟的出油率不足 0.01%。

2. 科涅克油的提取

目前，国内一般采用蒸馏的方法提取科涅克油，设备为壶式蒸馏器，容量为 1000L，每次蒸馏酒脚 500L 左右。每锅蒸馏需 10h 左右，每吨可得 0.2L 油。正确控制蒸馏的压力和温度，是提高得油率的关键。科涅克油的沸点一般较高，且大多数存在于酒尾中。因此，可以把蒸馏过程分为蒸酒和蒸油两个阶段。

第一阶段为蒸馏前期，以回收酒精为主，这时尽量使温度和压力低一点，可减少酯类的蒸出率，一般将蒸馏器内的温度控制在 95~100℃，压力为 0.02MPa 以下较为合适。

第二阶段为蒸馏中期，以提取科涅克油为主。当蒸馏酒酒精度降到 40%vol 时，开始出油，并浮在液面上。蒸馏过程中，要适当地提高温度和压力，一般控制温度为 105~110℃、压力为 0.03~0.05MPa，促使科涅克油蒸馏出来。酒精度为 5%vol~10%vol 时出油量最大。一般当流出液的酒精度到 38%vol 时，把冷却水的流速减小，控制流出液的温度为 30~40℃（此温度可防止科涅克油在冷凝器聚集），在玻璃集油器中达到中部刻度线时，关闭放气阀，并继续通入流出液，同时打开出酒阀门，使分离了科涅克油的酒流走。流出液经进酒管的出口流入导筒，含有科涅克油的油滴沿导管上升，当从导管出来时，导筒出口至集油器空间突然扩大（截面积比为 1∶5），流速骤降，油滴借浮力上升，水酒则由出酒管流出。油水分离器内的液面高度可由放气阀控制。当玻璃集油器内的科涅克油积累到一定量时，可由放油管放出，此时要关闭进酒管，打开放气阀和放油阀门。

第三阶段为蒸馏后期，酒精度降到 5%vol 以下后出油越来越少。当水酒的含油量甚微时，即可停止蒸馏。在停止之前，可把冷却水流速进一步减慢，用较高温度的流出液把附着在冷却管路内壁上的油滴完全冲洗出来。

3. 科涅克油的精制与贮藏

从油水分离器流出的科涅克油含有一定量的水酒和杂质，外观看是黑色黏稠液体，需精制处理。

首先用抽滤法除掉不溶性杂质，再用玻璃分液漏斗使水酒分离，然后放入冰箱，在 0℃温度下冷冻，并趁冷把白色絮状物的凝聚物及蜡质等抽滤除去。水会引起科涅克油变质。为了除去科涅克油中的水，需在除去蜡质的科涅克油里加入一定量的无水硫酸铜或无水硫酸钠，经充分摇晃后静置并澄清，吸收了水的硫酸钠或硫酸铜沉淀在瓶底，就可长期贮藏。经过精制的科涅克油必须装在棕色的玻璃瓶内并密封贮藏，防止氧化变质。

学习评价

学习评价单

序号	评价内容及分值	评价标准	学生自评 10%	小组互评 10%	教师评价 60%	企业评价 20%
1	学习方法 10分	课前完成必备知识的自学；课中认真观察思考，并主动操作实践；课后归纳反思				
2	学习态度 20分	工作态度端正，具有吃苦耐劳、诚实守信、认真负责的品质，对知识和技能能够认真学习、钻研				
3	沟通表达 10分	能够及时与同组成员及指导教师、技术人员沟通交流				
4	合作能力 10分	团队协作意识强				
5	创新实践 10分	能够结合实际实训情况进行操作				
6	职业能力 10分	能够处理葡萄酒酿造的副产物				
7	学习成果 30分	能选择合适的方法处理果渣及果核、葡萄酒糟、酒泥、酒脚等副产物，会酒石酸钾盐的回收				
		合计				

项目九
葡萄酒再加工

项目导学
- 起泡葡萄酒和白兰地作为两种著名的葡萄酒再加工酒精饮料,是高品质和高附加值的产品,能够给葡萄酒生产企业带来丰厚的收益。起泡葡萄酒和白兰地的生产需要精湛的技艺和严格的质量控制,这些工艺的传承和创新对于保持产品的品质至关重要。

项目目标
- 知识学习目标:了解起泡葡萄酒、白兰地的生产操作流程。
- 技能培养目标:掌握起泡葡萄酒、白兰地的生产技术操作要点,能够根据生产中出现的问题采取合理的解决方法。
- 职业情感目标:激发学生探索起泡葡萄酒、白兰地生产的兴趣,培养创新意识和探索精神。

相关知识

一、起泡葡萄酒

起泡葡萄酒是指葡萄汁经酵母酒精发酵生成的葡萄原酒,再经加糖进行密闭二次发酵,其产生的 CO_2 在 20℃时的压力大于或等于 0.35MPa(大于或等于 250mL 瓶计)的葡萄酒。

各国对起泡葡萄酒中 CO_2 的含量要求是不一致的。欧盟规定,起泡葡萄酒的 CO_2 压力在 20℃的条件下不能低于 0.03MPa,而优质起泡葡萄酒的压力不能低于 0.35MPa,但对于 250mL 瓶装起泡葡萄酒,其压力可降至 0.3MPa。在美国,将 10℃下具有 0.152MPa 压力的酒称为起泡酒,在此温度下的 CO_2 的含量接近 3.9mg/L;CO_2 的压力在 15.5℃时是 0.181MPa,在 21.9℃时是 0.213MPa,而在 26.5℃时则为 0.0243MPa。但国际葡萄与葡萄酒组织的标准认为,在 20℃时具有 0.05MPa 压力的酒才称为起泡酒。

(一)香槟酒和起泡葡萄酒

香槟酒是起泡葡萄酒的典型代表。法国政府规定,只有法国香槟地区生产的起泡葡萄酒才能被称为香槟酒,而其他地区或国家出产的同类产品,只能被称为起泡葡萄酒。香槟酒是一种高级起泡葡萄酒,是葡萄酒中最名贵的品种之一。香槟酒已有 300 多年的历史,闻名世界,目前有很多国家生产起泡葡萄酒,有的国家已把"香槟"作为酒名,如美国大多数起泡葡萄酒称为香槟酒,美国酒法规定必须在香槟酒前标注产地名称,如加利福尼亚香槟酒、美国香槟酒等。意大利、西班牙等国的起泡葡萄酒不称为香槟酒,意大利的称为

"Spumasnti"、西班牙的称为"Cava",我国为遵守《保护工业产权巴黎公约》,不允许把起泡葡萄酒称为香槟酒。起泡葡萄酒的酒精度,一般为11%vol~15%vol,也有加强型的起泡葡萄酒,这种高度数的起泡葡萄酒一般在酒瓶正标的左下角都会明确标注。

起泡葡萄酒的分类方法有4种。

(1)按其所含糖分的多少划分 含糖量在0.5%以下的都称为极干起泡葡萄酒;含糖量为0.5%~3%的,称为半干起泡葡萄酒;含糖量为3%~4%的,称为半甜起泡葡萄酒;含糖量为8%左右的,称为甜起泡葡萄酒;含糖量更高时,则称为极甜起泡葡萄酒。

(2)按产品的色泽划分 与葡萄酒相同,根据色泽,起泡葡萄酒可分为白色、红色、桃红色3种。

(3)按酒中的CO_2的来源划分

1)酒中CO_2是由第1次发酵残留糖的再发酵生产的。

2)酒中CO_2是从苹果酸-乳酸发酵获得的。

3)酒中CO_2是加入白砂糖进行第2次发酵生产的,世界上大部分起泡葡萄酒都属于此类。

4)酒中CO_2是人工添加的,这种工艺称为充气法。

(4)按起泡葡萄酒的生产方式划分 大体可分为瓶内发酵法、大罐发酵法、人工充加CO_2气体法(充气法)。

根据法国的传统经验,认为瓶内发酵法所制起泡葡萄酒,在质量上较大罐发酵法的产品优,所以法国的名产香槟酒仍维持原有的瓶内发酵方式,不愿轻易改用大罐发酵法。利用充气法生产的起泡葡萄酒,一般以就地销售为主。

(二)起泡葡萄酒的生产工艺

1. 原酒酿造

(1)工艺流程 原酒酿造工艺流程见图9-1。

葡萄分选 → 破碎 → 压榨 → 加SO_2、维生素C、果胶酶等 → 澄清处理 → 酒精发酵 → 原酒处理 → 勾兑

图9-1 起泡葡萄酒原酒酿造工艺流程

(2)生产要求

1)葡萄分选。采收的葡萄必须进行分选,使其达到新鲜度好、色泽鲜艳、果粒透明、果肉有弹性、含糖量为18~20°Bx、总酸为5~8g/L的标准,并且采收后的葡萄应在当天破碎,果核不能压破,果梗不能碾碎。

在法国,酿造香槟酒的葡萄品种主要有3个:黑皮诺、霞多丽、莫尼耶皮诺。黑皮诺黑皮白汁,制造的原酒质地醇厚,酒体丰满有骨架,陈酿以后,酒香扑鼻。霞多丽是白葡萄品种,能酿出高质量的黄绿色葡萄酒,酿造的香槟酒具有精细洁白的泡沫。莫尼耶皮诺酿造的原酒果香优美,陈酿迅速,但品味较淡。

酿造起泡葡萄酒的葡萄的最佳成熟度应满足以下条件：必须在完全成熟以前采收，应严格避免过熟；含糖量不能过高，一般为161.5~187.0g/L可产生的酒精度为9.5%vol~11%vol；含酸量相对较高，因为酸是构成成品清爽感的主要因素，也是确保稳定性的重要因素；葡萄成熟系数（糖/酸）一般为15~20g/L，总酸（以硫酸计）为8~12g/L（苹果酸占50%~65%）。

2）破碎。葡萄破碎时添加60mg/L的SO_2和100mg/L的维生素C，防止破碎的葡萄汁与空气接触发生氧化。同时，要控制出汁率为50%，若大于50%，则葡萄汁杂质多，质量差。

3）压榨。压榨是制造高质量起泡葡萄酒的重要工序，特别是利用红葡萄品种酿造起泡葡萄酒，压榨是决定葡萄原酒质量的重要因素。严格分流自流汁和压榨汁，是获得高质量起泡葡萄酒的重要手段之一。制作起泡葡萄酒通常采取的分流比例是：4000kg葡萄，初流汁200L占5%，自流汁2050L占51.25%，第1次尾汁400L占10%，第2次尾汁200L占5%。只截取自流汁作为原酒。

（3）葡萄汁的处理

1）加SO_2。在取汁以后，SO_2处理应尽早进行。一般在压榨出汁的同时加入，并使SO_2与葡萄汁充分混合。各国使用的SO_2浓度有所差异，一般为30~100mg/L。

2）澄清处理。澄清处理的目的是除去呈悬浮状态的大颗粒葡萄皮、肉和部分氧化酶，降低铁的含量，提高葡萄原酒的质量。在葡萄汁中添加40mg/L的果胶酶，使其将存在的果胶质分解成半乳糖醛酸和果胶酸，以利于葡萄汁的黏度下降，增强澄清效果。

澄清方法因地而异。如果葡萄酒中杂质含量较少，采收季节气温较低，可采取加SO_2（6g/100L）的同时加入皂土-酪蛋白50g/（h·L），静置澄清12~15h，效果良好。如果杂质较多，压榨后立即对葡萄汁进行离心分离处理，然后在0℃左右处理几天，再用硅藻土过滤机进行过滤。

3）调整成分。按照要求潜在酒精度为9.5%vol~11%vol，糖酸比为1.5∶1，添加白砂糖或柠檬酸调整糖度和酸度。

（4）酒精发酵　将离心处理的葡萄汁升温或降温至15~20℃，置于发酵罐中。装罐液面应距发酵罐顶50cm，接入5%的纯种酵母或0.1%活化后的干酵母，进行低温发酵。发酵初期，酵母繁殖较慢，发酵温度可以略高，3~4d后，发酵进入旺盛期，耗糖较快，温度可以略低。发酵过程要控制发酵速度。经15d左右发酵结束，及时补加40%的SO_2，使发酵液中的杂质和酵母泥静止沉降。在整个发酵过程中，发酵液应尽量少与空气接触，防止氧化，使葡萄本身具有的果香最大限度地保留在酒中。

发酵结束后，根据含酸量的高低引导或抑制苹果酸-乳酸发酵，苹果酸-乳酸发酵对含酸量高的原酒是有利的，而对含酸量低的原酒则是不利的，它使产品缺乏清爽感，造成澄清困难和产生氧化味等弊病。过去原酒发酵容器为橡木桶或水泥池，采用外冷却控制温度；现在多用100m^3以上的不锈钢罐或加涂料的碳钢罐，这些设备内部都安装有冷却管或外部焊接有冷却带，便于控制温度。

（5）原酒处理

1）在酒精发酵结束后，立即转罐（换桶），将葡萄酒与酒脚分离。

2）澄清处理。一般采用加单宁-蛋白质下胶进行澄清，大容器贮藏使用下胶澄清效果较差，常用硅藻过滤盒离心处理法进行澄清。

3）冷处理。人工冷处理可使酒石酸盐、部分氮化物和铁复合物沉淀，提高原酒的澄清度和物理化学稳定性。处理方法为一般在-4.5℃条件下保持6~8d，趁冷过滤至清。

4）防止氧化。为了使二次发酵顺利进行，在贮藏过程中，SO_2的使用量一般很低，难以防止原酒氧化。因此，许多国家如阿根廷、西班牙、德国等，除在酿造过程中尽量防止原酒与空气接触外，都使用CO_2或N_2封罐贮藏。

（6）勾兑　为了获得高质量的产品，事先进行勾兑和品尝确定。在二次发酵前对不同品种、不同年份的原酒进行勾兑，然后进行冷处理。在香槟地区勾兑后的原酒总酸（以硫酸计）为4.5~6g/L，pH为3.0~3.15，以确保起泡葡萄酒具有清爽感。酿成的葡萄原酒酒精度要达到9%vol~11%vol，总糖（以葡萄糖计）小于或等于4g/L，总酸（以酒石酸计）为6~7g/L，游离SO_2小于30mg/L，挥发酸（以乙酸计）小于或等于0.8g/L，铁小于或等于5mg/L。

2. 气体的产生及二次发酵

起泡葡萄酒主要有3种生产方法：瓶内发酵法、罐内发酵法、充气法。瓶内发酵法又分为香槟法（传统法、原瓶发酵法）和转换法。法国50%以上的香槟酒采用瓶内发酵法，而俄罗斯却有95%以上的起泡葡萄酒采用罐内发酵法，美国、意大利也是以罐内发酵法为主。二次发酵工艺流程见图9-2。

扫码看视频

原酒混合 ── 加糖、酵母 ── 装瓶和密封 ── 堆放 ── 瓶内发酵 ──
成品 ── 压盖、捆铁丝扣 ── 灌酒、装瓶 ── 微孔过滤 ── 转移机 ── 瓶架转瓶、后熟 ──

图9-2　二次发酵工艺流程

（1）瓶内发酵法

1）原酒混合。原酒经冷冻过滤后，泵入混合罐中，加入人工培养的酵母、特制的糖浆和其他有利于二次发酵和最终排除沉渣的添加剂。按每升原酒用糖24~25g的配方，在瓶内加上原酒、糖浆和二次发酵酵母，并使之分布均匀。所用二次发酵酵母必须具有耐压、抗酒精能力强、体积大、酵母代谢产物风味好等特性。添加酵母：在香槟地区，选择二次发酵的酵母的主要标准是在酒精溶剂中有再发酵能力；在低温（10℃）时有发酵能力；发酵彻底，对摇动的适应能力强。

①酵母。大多数酵母液是用活性干酵母制备的，其制备方法：第一步，将1kg干酵母加10L水，保持温度35℃、12h；第二步，酒精适应，10L活化酵母加糖浆（500g/L）7.5L、葡萄酒12.5L、磷酸氢二铵100g，在20℃左右维持24h；第三步，酒母制备，30L上述制备液，加糖浆40L，葡萄酒430L，保持温度20℃培养2~3d，酵母细胞数量约为$1×10^8$个/mL，

降温至 13~15℃，即可用于生产。

②糖浆。添加的糖浆是将蔗糖溶于葡萄酒中而获得的，其含糖量为 500~625g/L。糖浆添加量的准确与否是二次发酵成败的关键。添加少了，瓶内压力不足；添加多了，压力过大，使酒瓶破损。因此，要求准确计算和计量。一般情况下，在酒窖中，1L 添加 4g 糖浆可产生 0.1MPa 的气压。因此，在原酒残糖不高的情况下 1L 添加 24g 糖浆可使起泡葡萄酒达到 0.6MPa 的气压。根据研究，加糖量与原酒的酒精度有关。

③辅助物。原酒混合时添加的辅助物包括下述两大类：利于酒精发酵的营养物，主要是铵态氮，磷酸氢二铵用量一般为 15mg/L，也可用硫酸铵代替，用量一般为 50mg/L，有的添加维生素 B_1；利于澄清和去渣的物质，主要是皂土（0.1~0.5g/L），有时添加海藻盐（20~50mg/L）。

2）装瓶和密封。封住瓶盖，套上铁丝扣，将酒瓶堆放好，进行二次发酵，经过 10d 左右，再进行一次倒堆，把酒瓶一个接一个地倒一下，使沉淀于瓶底的无力的酵母重新悬浮于酒液中，促使其获得新的力量重新发酵，将剩余的残糖耗净。

准备好灌装和密封用的玻璃瓶、皇冠盖、塑料内塞。玻璃瓶分 750mL、350mL 两种，要求耐压 1.96MPa 以上，要严格检查瓶口的大小和形状，在装瓶前逐个检查并洗刷干净，沥干备用。皇冠盖比软木塞成本低，不需要进口，而且具有密封性能好、密封盒除渣操作方便等特点。因此，目前大都采用皇冠盖而不用软木塞密封。塑料内塞的作用是斜沉时让沉淀物集中在内塞内，有利于制造冰塞而把沉淀物彻底除去。采用人工或灌装机进行灌装，把装好的酒瓶运送到酒窖中，水平地堆放在木条上，进行瓶内发酵。酒窖温度要求为 10~15℃，堆放时间最少为 9 个月，最多可达 20 年。

3）斜沉。当堆放的瓶内酒发酵结束后，CO_2 含量将达到所规定的标准。此时可将酒瓶放在一个特制的酒架上后熟。酒架可以是木制的，它的倾斜度应该可以调节。经每天一次的转动，连续 20d 后使酒瓶垂直，倒立在酒架上，这样做的目的是将酒中的酒泥与其他沉淀物集中在酒瓶口处，以便除去。

4）喷渣。过去采用人工喷渣，目前已采用冰塞法除渣，方法是将瓶酒倒插入 -30℃ 冰水内，使瓶口的内塞、酒液、沉淀物迅速形成一个约 25mm 长的冰塞，然后打开盖子，去掉冰塞。

5）补液。虽然冷冻可限制 CO_2 的逸出，但去除冰塞时仍会减少 $9.8 \times 10^4 Pa$ 左右的压力，并喷出少量酒液，且能引起氧化，提高氧化还原电位，影响酒的香气。为解决这些问题，根据产品含糖量的要求，补充已转化好的糖浆，使酒的糖酸比协调，并在调糖浆的同时加入 SO_2，使总 SO_2 含量达到 80~100mg/L。

6）转换法。瓶内发酵中转换法酿造起泡葡萄酒工艺流程见图 9-3。

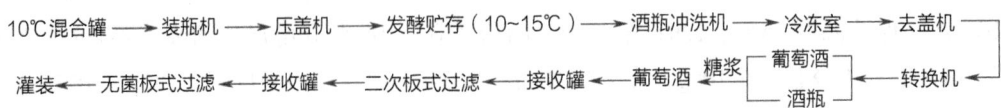

图 9-3 转换法酿造起泡葡萄酒工艺流程

转换法的主要操作要点如下：

从原酒酿造、混合至瓶内发酵结束，转换法与香槟法差异不大，只是在原酒混合时一般不加入澄清剂，装瓶时不加塑料内塞。

①转换。瓶内发酵结束后，将酒瓶转入分离车间。先将酒瓶通过冷冻槽冷却至-3℃，用卸帽机除去皇冠盖，通过自动等压倒瓶装置将瓶内葡萄酒倒入接收罐中，接收罐为双层，并带有搅拌器，且事先充入 N_2 或最好是 CO_2 气体，其气压略低于酒瓶内的气压，以便将葡萄酒完全倒出。

②调整成分，添加 SO_2，同香槟法。

③冷冻和过滤。如果葡萄原酒已经经过冷冻处理，冷冻温度达到0℃即可；原酒未经过冷冻处理，为确保酒石酸盐的稳定，冷处理温度应降至-4℃并保持8~12d，趁冷过滤。第1次采用硅藻土和纸板过滤，如果酒的色泽深，可添加适量活性炭，主要是除去酵母细胞和固体颗粒物质，使其澄清透明。第2次只用隔菌纸板过滤，到达无菌要求后装瓶。

（2）罐内发酵法　香槟法二次发酵工艺复杂，建厂投资和占用流动资金大，技术要求高，劳动强度大，适宜传统的名牌产品。为了降低成本，缩短酿造周期，简化酿造工序，适应工业化大生产的要求，许多国家采用罐内进行二次发酵的方法。

1）发酵罐。发酵罐采用不锈钢或碳钢（涂料）制造，体积为20~30m^3，耐压0.9MPa以上。为了控制发酵温度和发酵结束后冷冻的需要，可做成夹层冷却带，并配装压力计、测温计、安全阀、加料阀、出酒阀、取样阀、压缩空气反压阀等设施，有的还配备低速搅拌器。

2）主要操作。

①配料和发酵、原酒澄清、酵母制备、糖浆制备、添加剂等，同香槟法。原酒及配料从发酵罐底部进入，排出空气，酒液装至罐体积的95%，密封发酵2~3周，压力达到0.6MPa，整个过程中通过夹层或冷却带输送冷液，使罐内温度保持在18~20℃。

②通过夹层或冷却带流动冷却器通入冷液，使已被 CO_2 饱和的葡萄酒冷冻至-6℃，并保持10~14d，趁冷进行二次板式过滤，使酒澄清透明。

③无菌过滤及灌装。澄清的葡萄酒根据产品质量要求，加入糖浆调整糖度，补充 SO_2，然后进行无菌过滤和灌装。

（3）充气法　这是一种最快酿造起泡葡萄酒的简单方法。原酒混合、澄清处理同香槟法，它最大的特点是将葡萄酒冷却至0~2℃，采用汽水混合器或汽水填料塔，使葡萄酒被 CO_2 饱和，然后灌装。采用这种方法生产的起泡葡萄酒，泡沫粗、持久性差，但成本低，若采用优质原酒，也能做出好的起泡葡萄酒。

二、白兰地

白兰地是从英文"Brandy"音译而来的，狭义的白兰地是指葡萄发酵后经蒸馏而得到的高度酒精，再经橡木桶贮藏而成的酒。从广义来说，它是一种蒸馏酒，是以水果为原料经过发酵蒸馏贮藏而酿造成的。采用葡萄为原料的蒸馏酒称为葡萄白兰地，平常所说的白兰地一般是指葡萄白兰地；其他水果酿成的白兰地应加上原料水果的名称，如樱桃白兰地、苹果白兰地等。

白兰地通常被称为"葡萄酒的灵魂"，它具有悠久的历史，现已发展成为世界性的饮料酒，许多国家都建立了专门的白兰地酒厂。世界上生产白兰地的国家很多，但以法国出品的白兰地最为著名。而法国产的白兰地中，尤以干邑地区生产的最为优美，其次为雅文邑（亚曼涅克）地区所产。除了法国白兰地以外，其他盛产葡萄酒的国家，如西班牙、意大利、葡萄牙、美国、秘鲁、德国、南非、希腊等国家，也都有生产一定数量风格各异的白兰地。

（一）白兰地的酿造工艺

1. 葡萄品种

葡萄品种的芳香是白兰地香气成分的重要来源。在发酵过程中，由于酵母及其他微生物的作用，葡萄中的芳香成分转移到葡萄原酒中，通过蒸馏，这些芳香成分又从葡萄原酒转移到白兰地中。

不是所有的葡萄品种都适合加工白兰地。适合加工白兰地的葡萄品种，在果实达到生理成熟时，都具有以下特点：糖度较低，酸度较高，具有弱香型或中性香型，丰产抗病。酿造白兰地的葡萄，最好栽培在气候温和、光照充足、石灰质含量高的土壤中。

在法国科涅克地区的葡萄园内栽植着各个品种的葡萄，用这里的葡萄生产出的白葡萄酒是酿造科涅克白兰地的原料葡萄酒。酿造科涅克的主要葡萄品种是白玉霓，占葡萄原料的90%。白玉霓是个晚熟品种，具有良好的抗病性能。酿造科涅克白兰地酒的辅助品种是白福尔和鸽笼白，这两个品种占葡萄原料的10%。

为了满足酿造白兰地的需要，近几年我国大量引进白玉霓。我国现有的葡萄品种中，白羽、白雅、龙眼、佳利酿、米斯凯特等品种比较适合做白兰地。我国20世纪70年代初已从欧洲引进白玉霓、白福尔、鸽笼白3个品种，在烟台地区进行了试栽，生长良好。现已在国内大面积栽培，并进行推广。

2. 白兰地生产工艺流程

白兰地生产工艺流程见图9-4。

3. 白兰地的原料酒发酵方法

制造白兰地的原料酒，用白葡萄酒比红葡萄酒好，因为白葡萄酒是采用皮渣与葡萄汁分离发酵的，酒中单宁低、总酸高、杂质少，蒸馏的白兰地醇和柔软。原料酒的发酵工艺与传统法生产的白葡萄酒相同。发酵温度控制在30~32℃，发酵4~5d。当发酵完全停止时，残糖已达到0.3%以下，在罐内进行静止澄清，然后将上部清酒与酒脚分开，清酒与酒脚分别单独蒸馏。

发酵过程中不允许加 SO_2，原因有以下两点：

1）原料酒中含有 SO_2，蒸馏出来的白兰地原酒就带有硫化氢臭味。此外，SO_2 在发酵和蒸馏过程中，会有硫醇类（RSH），使白兰地带有恶劣的气味。

2）在蒸馏过程中，SO_2 会腐蚀蒸馏设备。

4. 白兰地的蒸馏方法

蒸馏是将酒精发酵液中不同沸点的各种醇类、酯类、醛类、酸类等物质，通过不同温度，用机械方法从酒精发酵液中分离出来的方法。百年来，随着机械工业的发展，蒸馏技术已从简单方法发展成为复杂的技术。白兰地是一种具有特殊风味的蒸馏酒，它对于酒精度要求不高，一般 60%~70% 的酒精度就能保存它固有的芳香。世界著名的科涅克白兰地一直采用壶式蒸馏法制造，因为目前各种塔式蒸馏设备生产出来的白兰地都不如夏朗德壶式蒸馏器（又称壶式蒸馏器）生产出来的白兰地好。采用壶式蒸馏器时采用直接用火加热进行两次蒸馏的方法。第 1 次蒸馏得到粗馏白兰地原酒，不掐头去尾，酒精度为 26%~29%；然后再进行第 2 次蒸馏，必须掐头去尾，取中间蒸馏酒，酒精度为 60%~70%，即为白兰地原酒。将截取的酒头、酒尾混合在一起，再入蒸馏器内重新蒸馏。

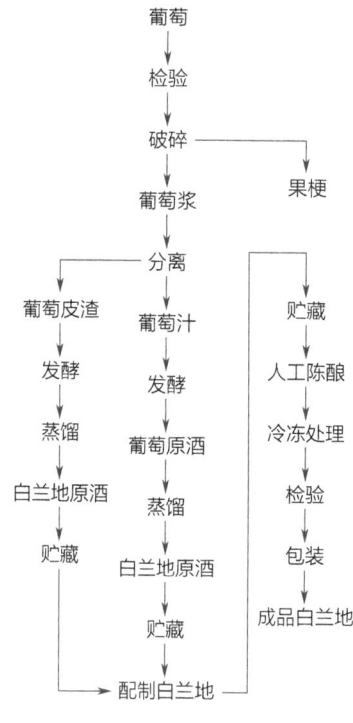

图 9-4 白兰地生产工艺流程

5. 白兰地的勾兑与调配

白兰地原酒是一种半成品酒，一般不能直接饮用。因此，在白兰地生产过程中，勾兑与调配变为成品酒，再经贮藏和一系列的后加工处理，才能罐装出厂。

对白兰地原酒勾兑和调配有以下 4 点要求：

1）对不同品种白兰地原酒的勾兑。用不同葡萄品种发酵蒸馏的白兰地原酒质量是不一样的。

2）不同酒龄白兰地原酒的勾兑。由于白兰地原酒的酒龄不同，其质量也有差异，因此用不同酒龄的白兰地原酒进行勾兑也是很重要的。老酒和新酒勾兑，可以增加白兰地的陈酒风味，提高白兰地新酒的质量。

3）白兰地原酒精度稀释。在国际上，配成的白兰地的酒精度一般标准是 42%vol~43%vol。我国白兰地的酒精度标准是 38%vol~44%vol，但白兰地原酒的酒精度都高于这个标准，因此在调配时就必须加水稀释，降低酒精度。目前我国各酒厂都采用加入离子交换处理水的方法。经处理的水硬度降低，水的质量较好，可代替蒸馏水调配白兰地。

4）白兰地调色。白兰地原酒长期在橡木桶中贮藏，桶的单宁色素物质溶解到白兰地原酒中，使无色的白兰地原酒呈金黄色。在橡木桶中贮藏的时间，对白兰地色泽的深浅有影响，贮藏时间长的色深，时间短的色浅。因此，在调配白兰地时，如果色泽不符合标准，必须进行调色，最好是在白兰地原酒加水稀释后，立即用白砂糖制成的糖色进行调整，但不能用合成的色素调色，以免影响白兰地的质量。

（二）白兰地的贮藏

新蒸馏的白兰地原酒是无色的，同时香气不足，味道辛辣不协调，因此需要在橡木桶内经过长期贮藏陈酿。在橡木桶中长期贮藏的过程中，氧化作用促使白兰地中各种成分发生复杂的化学变化和物理变化，并不断地从橡木桶中吸取一系列的芳香物质和色素物质，改变白兰地的色泽和风味，使白兰地变得金黄透明、高雅柔和、醇厚成熟，成为优质陈酿佳酒。较好的白兰地最短也要贮藏2年以上，高档白兰地贮藏时间长达10年以上，这不仅占用很多贮藏容器和场所，而且生产周期长，积压流动资金。因此，如何缩短酒龄而又能达到长期贮藏的效果，已成为目前白兰地生产研究的重要课题。

1. 白兰地的贮藏容器

白兰地的贮藏容器主要是橡木桶。橡木桶板材的质量与白兰地的质量有直接关系。不同的国家和不同的酒厂对橡木桶形状和容量的要求都不同。法国和西班牙等国多采用250~350L的鼓形桶，我国使用的橡木桶大部分是鼓形的，容量最大的为3000L，最小的为350L。

新加工的橡木桶，因为木板中含有水溶性和醇溶性的单宁物质，使用前必须先用水处理，排除水溶性的单宁物质，然后再用65%~75%的酒精浸泡15~20d，以排除醇溶性的单宁物质，以免影响白兰地的质量。我国很早也采用新老桶交替贮藏白兰地的方法，这样可以促使白兰地新酒得到更好的成熟效果。

水泥池或大型不锈钢罐也都可作为贮藏白兰地的容器。为了使水泥池或不锈钢罐贮藏的白兰地获得与橡木桶贮藏的同样效果，必须根据水泥池或不锈钢罐的容积计算出白兰地与橡木桶接触的面积，根据其面积的大小，确定橡木板的规格，然后将处理好的橡木板放入池中或罐内。这样贮藏的白兰地，也能起到近似橡木桶贮藏的效果。

2. 白兰地的贮藏管理

（1）贮藏室的要求 白兰地的贮藏室应保持适当温度和湿度，室温过高会增加贮藏损耗，室温过低则不能进行正常的老熟，最适宜的室温是15~25℃，相对湿度为75%~85%，白兰地酒桶应放在酒窖上面，不应放在地下酒窖贮藏。因为地下酒窖通风不良，不能使白兰地充分氧化，影响老熟。国外很多白兰地酒厂，白兰地调配与贮藏工序均在酒窖上面进行，温度变化和通风的作用，能促使白兰地加速成熟。

（2）贮藏年限的规定 贮藏期长短决定白兰地的质量。贮藏时间越长，白兰地的质量越好。GB 11856.2—2023《烈性酒质量要求 第2部分：白兰地》中将葡萄白兰地分为5个等级，甄级、特级、优级、一级和二级。

目前，我国对白兰地的酒龄并未统一规定。生产厂家按白兰地质量自己控制。一般酒龄在3年以上，优质白兰地的酒龄可达到5年以上。

任务一　白兰地原酒的蒸馏

任务目标

掌握白兰地蒸馏工艺过程。

任务实施

一、材料和设备

葡萄原酒、小型蒸馏器、酸度计、酒精计、手持糖度仪等。

二、操作方法与步骤

白兰地普遍采用的蒸馏设备是壶式蒸馏器、带分馏盘的蒸馏器和塔式蒸馏设备。在实验室的条件下,将葡萄原酒按一定装添率加入蒸馏器中,打开热源,进行蒸馏,待小型蒸馏器中酒精基本蒸尽为止。第1次蒸馏得到粗蒸馏白兰地原酒,不掐头去尾,酒精度为26%vol~29%vol,然后再进行第2次蒸馏,必须掐头去尾,取中间蒸馏酒,酒精度为60%vol~70%vol,即为白兰地。截取的酒头、酒尾混合一起,再入蒸锅内重新蒸馏。

三、注意事项

1）发酵过程中不允许添加 SO_2。
2）将清酒与酒脚分别单独蒸馏。
3）做好原始数据记录。

学习评价

学习评价单

序号	评价内容及分值	评价标准	学生自评 10%	小组互评 10%	教师评价 60%	企业评价 20%
1	学习方法 10分	课前完成必备知识的自学；课中认真观察思考,并主动操作实践；课后归纳反思				
2	学习态度 20分	工作态度端正,具有吃苦耐劳、诚实守信、认真负责的品质,对知识和技能能够认真学习、钻研				
3	沟通表达 10分	能够及时与同组成员及指导教师、技术人员沟通交流				

（续）

序号	评价内容及分值	评价标准	学生自评 10%	小组互评 10%	教师评价 60%	企业评价 20%
4	合作能力 10分	团队协作意识强				
5	创新实践 10分	能够结合实际实训情况进行操作				
6	职业能力 10分	能够准确进行白兰地原酒的蒸馏				
7	学习成果 30分	能准确使用小型蒸馏器、酸度计、酒精计、手持糖度仪				
合计						

任务二　白兰地的勾兑与调配

任务目标

掌握白兰地勾兑与调配的操作方法。

任务实施

一、材料和设备

白兰地原酒、纯净水、蔗糖或葡萄糖浆、香料、活性炭、酸度计、酒精计等。

二、操作方法与步骤

（1）稀释　国际上白兰地的标准酒精度是42%vol~43%vol，我国一般为40%vol~43%vol。白兰地原酒的酒精度较成品白兰地高，因此要加水稀释，加水时速度要慢，边加水边搅拌。

（2）加糖　加糖的目的是增加白兰地醇厚的味道。加糖量应根据口味的需要确定，一般控制白兰地含糖量为0.7%~1.5%。可用蔗糖或葡萄糖浆，最好用葡萄糖浆。

（3）脱色　白兰地在橡木桶中贮藏过久，或橡木桶是用幼树木料制造的，白兰地会有过深的色泽和过多的单宁，此时白兰地发涩、发苦，必须进行脱色。色泽如果轻微发深，可用骨胶或鱼胶处理，否则除下胶以外，还得用最纯的活性炭处理。下胶或活性炭处理的白兰地，应在处理后12h过滤。

（4）加香　高档白兰地是不加香的；但酒精含量高的白兰地，其香味往往欠缺，必须采用加香法提升香味。白兰地加香可采用天然的香料、浸膏、酊汁。有芳香的植物的根、茎、叶、花、果，都可以用酒精浸泡成酊，或浓缩成浸膏，用于白兰地加香。

三、注意事项

1）对白兰地原酒勾兑和调配有以下几点要求：用不同葡萄品种发酵蒸馏的白兰地原酒质量是不一样的；由于白兰地原酒的酒龄不同，其质量也不同，因此用不同酒龄的白兰地原酒进行勾兑也是很重要的；在橡木桶中贮藏的时间，对白兰地的色泽有影响，贮藏时间长的色深，贮藏时间短的色浅。因此在调配白兰地时，如果色泽不符合标准，必须进行整色，最好是在白兰地原酒加水稀释后，立即用白砂糖制成的糖色进行调整，但不能用合成的色素调色，以免影响白兰地的质量。

2）无论以哪种方式贮藏，都要经过2次勾兑，即在配制前勾兑和灌装前勾兑。

3）做好原始数据记录。

学习评价

学习评价单

序号	评价内容及分值	评价标准	学生自评 10%	小组互评 10%	教师评价 60%	企业评价 20%
1	学习方法 10分	课前完成必备知识的自学；课中认真观察思考，并主动操作实践；课后归纳反思				
2	学习态度 20分	工作态度端正，具有吃苦耐劳、诚实守信、认真负责的品质，对知识和技能能够认真学习、钻研				
3	沟通表达 10分	能够及时与同组成员及指导教师、技术人员沟通交流				
4	合作能力 10分	团队协作意识强				
5	创新实践 10分	能够结合实际实训情况进行操作				
6	职业能力 10分	能够进行白兰地的调色与勾兑				
7	学习成果 30分	在勾兑白兰地的过程中，能够熟练进行加水步骤的操作，能准确判断香料的浸泡时间				
		合计				

10 项目十
葡萄酒检验

项目导学
- 葡萄酒的检验是确保葡萄酒质量和安全的关键环节，对于监控葡萄酒的理化质量具有重要的意义，通过检验可以确保葡萄酒达到国家标准，保护消费者的健康。检验内容包括对葡萄酒的感官、酒精度、挥发酸、还原糖等的测定。

项目目标
- 知识学习目标：掌握葡萄酒的感官检测方法，以及酒精度、总酸、挥发酸、SO_2、还原糖、总糖、干浸出物的测定方法。
- 技能培养目标：熟练操作葡萄酒的感官检验，进行葡萄酒酒精度、总酸、挥发酸、SO_2、还原糖、总糖及干浸出物的测定。
- 职业情感目标：培养学生实践操作素养，提升学生动手能力与团结协作能力。

任务一 葡萄酒的感官检测

◎ 任务目标

通过口、眼、鼻等感觉器官检查产品的感官特征，对葡萄酒产品的色泽、香气、滋味及典型性等感官特性进行检查与分析评定。

◎ 任务实施

一、材料和设备

品尝杯、葡萄酒、清水等。

二、操作方法与步骤

（1）调温　调节酒的温度，使其达到：起泡葡萄酒 9~10℃、白葡萄酒 10~15℃、桃红葡萄酒 12~14℃、红葡萄酒 16~18℃、甜红葡萄酒 18~20℃。

特种葡萄酒可参照上述条件选择合适的温度范围，或在产品标准中自行规定。当一次品尝检查多种类型的样品时，其品尝顺序为：先白后红，先干后甜，先淡后浓，先新后老，先低度后高度。按顺序给样品编号，并在酒杯下部注明同样编号。

（2）倒酒　将调温后的酒瓶外部擦干净，小心开启瓶塞（盖），不使任何异物落入。将酒倒入洁净、干燥的品尝杯中，一般酒在杯中的高度为 1/4~1/3，起泡和加气起泡葡萄酒的高度为 1/2。

（3）感官检查与评定

1）外观。在适宜光照（非直射阳光）下，以手持杯底或用手握住玻璃杯柱，举杯齐眉，用眼观察杯中酒的色泽、透明度与澄清程度，有无沉淀及悬浮物；起泡和加气起泡葡萄酒要观察起泡情况，做好详细记录。

2）香气。先在静止状态下多次用鼻嗅香，然后将酒杯捧握在手掌中，使酒微微加温，并摇动酒杯，使杯中酒样分布于杯壁上。慢慢地将酒杯置于鼻孔下方，嗅闻其挥发香气，分辨果香、酒香或有否其他异香，写出评语。

3）滋味。喝入少量样品于口中，尽量使其均匀分布于味觉区，仔细品尝，有了明确印象后咽下，体会口感后味，记录口感特征。

4）典型性。根据外观、香气、滋味的特征综合分析，评定其类型、风格及典型性的强弱程度。写出结论意见（或评分）。

三、注意事项

（1）环境要求

1）品尝室应有适宜的光照，使人感觉舒适。

2）应便于清扫，且离噪声源较远，最好是隔声的。

3）无任何气味，并便于通风与排气。

（2）光源　品尝室的光源可用自然光或日光灯，但光照应为均匀的散射光。

（3）温度与湿度　品尝室内应保持使人舒服的、稳定的温度和湿度，温度应保持 20~22℃，湿度应保持 60%~70%。

（4）品尝间　品尝间应相互隔离，内部设施便于清洗，便于比较葡萄酒的颜色，有可饮用的自来水，自来水的龙头最好是脚踏式的，以便于品尝员双手操作。

（5）品尝杯　应采用葡萄酒标准品尝杯。标准杯由无色透明的含铅量为 9% 左右的结晶玻璃制成，不应有任何印痕和气泡，杯口应平滑、一致，且为圆边，品尝杯应能承受 0~100℃的温度变化，容量为 210~225mL。

（6）人员　必须由取得相应资质（国家级评酒员）的人员进行品评，一般人数为单数，人员尽可能多，不得低于 7 人。

（7）样品处理　将样品放置于（20±2）℃环境平衡 24h，或（20±2）℃水浴中保温 1h 后，采取密码标记后进行感官品评。

注：被评样品的相关信息应对评酒员严格保密。

（8）计分方法　每个评酒员在给定分数内逐项打分后，累计出总分，再把所有参加打分的评酒员分数累加，取其平均值，即为该酒的感官分数。

（9）评分标准用语　葡萄酒评分标准用语见表10-1。

表10-1　葡萄酒评分标准用语

分数段		特点
葡萄酒	山葡萄酒	
90分以上	85分以上	具有该产品应有的色泽，悦目协调、澄明（透明）、有光泽；果香、酒香浓馥幽雅，协调悦人；酒体丰满，有新鲜感，醇厚协调，舒服、爽口，回味绵延；风格独特，优雅无缺
80~89分	75~84分	具有该产品的色泽；澄清透明，无明显悬浮物，果香、酒香良好，尚悦怡，酒质柔顺，柔和爽口，甜酸适当；典型明确，风格良好
70~79分	65~74分	与该产品应有的色泽略有不同，澄清，无夹杂物；果香、酒香较少，但无异香；酒体协调，纯正无杂；有典型性，不够怡雅
65~69分	60~64分	与该产品应有的色泽明显不符，微浑、失光或人工着色；果香不足或不悦人，或有异香；酒体寡淡、不协调或有其他明显的缺陷（除色泽外，只要有其中一条，则判为不合格品）

（10）评分细则　葡萄酒评分细则见表10-2。

表10-2　葡萄酒评分细则

项目			要求
外观 10分	色泽 5分	白葡萄酒	近似无色，浅黄色，禾秆黄色，绿禾秆黄色，金黄色
		红葡萄酒	紫红色，深红色，宝石红色，瓦红色，砖红色，黄红色，棕红色，黑红色
		桃红葡萄酒	黄玫瑰红色，橙玫瑰红色，玫瑰红色，橙红色，浅红色，紫玫瑰红色
	5分	澄清程度	澄清透明、有光泽、无明显悬浮物（使用软木塞封的酒允许有3个以下不大于1mm的木渣）
		起泡程度	将起泡葡萄酒注入杯中时，应有细微的串珠状气泡升起，并有一定的持续性，泡沫细腻、洁白
香气 30分	非加香葡萄酒		具有纯正、优雅、愉悦和谐的果香与酒香
	加香葡萄酒		具有优美纯正的葡萄酒香与和谐的芳香植物香
滋味 40分	干葡萄酒、半干葡萄酒（含加香葡萄酒）		酒体丰满，醇厚协调，舒服，爽口
	甜葡萄酒、半甜葡萄酒（含加香葡萄酒）		酒体丰满，酸甜适口，柔细轻快
	起泡葡萄酒		口味优美、醇正、和谐悦人，有杀口力
	加气起泡葡萄酒		口味清新、愉快、纯正，有杀口力
典型性20分			典型完美、风格独特、优雅无缺

学习评价

学习评价单

序号	评价内容及分值	评价标准	学生自评 10%	小组互评 10%	教师评价 60%	企业评价 20%
1	学习方法 10分	课前完成必备知识的自学；课中认真观察思考，并主动操作实践；课后归纳反思				
2	学习态度 20分	工作态度端正，具有吃苦耐劳、诚实守信、认真负责的品质，对知识和技能能够认真学习、钻研				
3	沟通表达 10分	能够及时与同组成员及指导教师、技术人员沟通交流				
4	合作能力 10分	团队协作意识强				
5	创新实践 10分	能够结合酒体实际情况进行评定				
6	职业能力 10分	掌握葡萄酒评分标准用语				
7	学习成果 30分	对葡萄酒的外观、香气、滋味进行准确评分，准确使用葡萄酒评分用语				
	合计					

任务二　葡萄酒酒精度的测定

任务目标

采用蒸馏法去除样品中的不挥发性物质，再用酒精计法测得酒精体积分数示值，查表[GB/T 15038—2006《葡萄酒、果酒通用分析法》附录A：酒精水溶液密度与酒精度（乙醇含量）对照表（20℃）]进行温度校正，求得20℃时酒精的体积分数，即酒精度。

任务实施

一、材料和设备

酒精计（分度值为0.1%vol）、1000mL全玻璃蒸馏器、500mL容量瓶、玻璃珠、500mL量筒、温度计。

二、操作方法与步骤

（1）试样的制备　用洁净、干燥的 500mL 容量瓶准确量取 500mL（具体取样量应按酒精计的要求增减）液温为 20℃的样品，置于 1000mL 蒸馏瓶中，用 50mL 水将容量瓶冲洗 3 次，洗液全部并入蒸馏瓶中，再加几颗玻璃珠，连接冷凝器，以取样用的原容量瓶作为接收器（外加冰浴）。开启冷凝水，缓慢加热蒸馏，收集馏出液接近刻度，取下容量瓶塞，于（20±0.1）℃水浴中保温 30min，补加水至刻度，混匀，备用。

（2）测定　将试样倒入洁净、干燥的 500mL 量筒中，静置数分钟，待其中气泡消失后，放入洗净、干燥的酒精计，再轻轻按一下，不得接触量筒壁，同时插入温度计，平衡 5min，水平观测，读取与弯月面相切处的刻度示值，同时记录温度。根据测得的酒精计示值和温度，查表换算成 20℃时的酒精度。

三、注意事项

在重复性条件下获得的 2 次独立测定结果的绝对差值不得超过算术平均值的 1%。

学习评价

学习评价单

序号	评价内容及分值	评价标准	学生自评 10%	小组互评 10%	教师评价 60%	企业评价 20%
1	学习方法 10 分	课前完成必备知识的自学；课中认真观察思考，并主动操作实践；课后归纳反思				
2	学习态度 20 分	工作态度端正，具有吃苦耐劳、诚实守信、认真负责的品质，对知识和技能能够认真学习、钻研				
3	沟通表达 10 分	能够及时与同组成员及指导教师、技术人员沟通交流				
4	合作能力 10 分	团队协作意识强				
5	创新实践 10 分	能够结合实际实训情况进行操作				
6	职业能力 10 分	能够准确进行葡萄酒酒精度的测定				
7	学习成果 30 分	能熟练使用酒精计及蒸馏器；准确查表换算 20℃酒精度				
		合计				

任务三　葡萄酒中总酸的测定

任务目标

利用酸碱滴定原理，以酚酞作为指示剂，用碱标准溶液滴定，根据碱的用量计算总酸含量。

任务实施

一、材料和设备

1）氢氧化钠标准滴定溶液 [c（NaOH）=0.05mol/L] 按 GB/T 601—2016《化学试剂　标准滴定溶液的制备》配制与标定，并准确稀释。

2）酚酞指示液（10g/L）按 GB/T 603—2023《化学试剂　试验方法中所用制剂及制品的制备》配制。

3）250mL 三角瓶等。

二、操作方法与步骤

（1）分析步骤　吸取 2~5mL 液温为 20℃的样品（取样量可根据酒的颜色深浅而增减），置于 250mL 三角瓶中，加入 50mL 水，同时加入 2 滴酚酞指示液，摇匀后，立即用氢氧化钠标准滴定溶液滴定至终点，并保持 30s 内不变色，记录氢氧化钠标准滴定溶液消耗的体积（V_1）。同时做空白试验。

（2）计算结果

$$X = \frac{c \times (V_1 - V_0) \times M}{V_2}$$

式中　X——样品中总酸的含量（以酒石酸计），单位为 g/L；

　　　c——氢氧化钠标准滴定溶液的浓度，单位为 mol/L；

　　　V_0——空白试样消耗氢氧化钠标准滴定溶液的体积，单位为 mL；

　　　V_1——样品滴定时消耗氢氧化钠标准滴定溶液的体积，单位为 g/L；

　　　V_2——吸取样品的体积，单位为 mL；

　　　M——酒石酸的摩尔质量，单位为 g/mol（M=75g/mol）。

所得结果表示至 1 位小数。

三、注意事项

在重复性条件下获得的 2 次独立测定结果的绝对值不得超过算术平均值的 3%。

学习评价

学习评价单

序号	评价内容及分值	评价标准	学生自评 10%	小组互评 10%	教师评价 60%	企业评价 20%
1	学习方法 10分	课前完成必备知识的自学；课中认真观察思考，并主动操作实践；课后归纳反思				
2	学习态度 20分	工作态度端正，具有吃苦耐劳、诚实守信、认真负责的品质，对知识和技能能够认真学习、钻研				
3	沟通表达 10分	能够及时与同组成员及指导教师、技术人员沟通交流				
4	合作能力 10分	团队协作意识强				
5	创新实践 10分	能够结合实际实训情况进行操作				
6	职业能力 10分	能够准确进行葡萄酒中总酸测定				
7	学习成果 30分	能准确配制溶剂及指示剂，能准确计算葡萄酒中总酸含量				
		合计				

任务四　葡萄酒中挥发酸的测定

任务目标

用蒸馏的方法蒸出样品中的低沸点酸类（挥发酸），用碱标准溶液进行滴定，再测定游离 SO_2 和结合 SO_2，通过计算与修正，得出样品中挥发酸的含量。

任务实施

一、材料和设备

（1）试剂

1）氢氧化钠标准滴定溶液 $[c(NaOH)=0.05mol/L]$。按 GB/T 601—2016《化学试剂　标准滴定溶液的制备》配制与标定，并准确稀释。

2)酚酞指示液（10g/L）。按 GB/T 603—2023《化学试剂　试验方法中所用制剂及制品的制备》配制。

3)盐酸溶液。将浓盐酸用水稀释 4 倍。

4)碘标准滴定溶液 [c（1/2I）=0.005mol/L]。按 GB/T 601—2016《化学试剂　标准滴定溶液的制备》配制与标定，并准确稀释。

5)碘化钾。

6)淀粉指示液（5g/L）。称取 5g 淀粉溶于 500mL 水中，加热至沸腾，并持续搅拌 10min，再加入 200g 氯化钠，冷却后定容至 1000mL。

7)硼酸钠饱和溶液。称取 5g 硼酸钠溶于 100mL 热水中，冷却备用。

（2）设备　蒸馏装置。

二、操作方法与步骤

1. 测定挥发酸

安装好蒸馏装置，吸取 10mL 液温为 20℃的样品（V）在装置上进行蒸馏，收集 100mL 馏出液，将其加热至沸腾，加入 2 滴酚酞指示液，用氢氧化钠标准滴定溶液滴定至粉红色，30s 内不变色即为滴定终点，记录氢氧化钠标准滴定溶液消耗的体积（V_1）。

2. 测定游离 SO_2

在上述溶液中加入 1 滴盐酸溶液酸化，加 2mL 淀粉指示液和几粒碘化钾，混匀后用碘标准滴定溶液滴定，记录消耗碘标准滴定溶液的体积（V_2）。

3. 测定结合 SO_2

在上述溶液中加入硼酸钠饱和溶液，至溶液呈粉红色，继续用碘标准滴定溶液滴定，至溶液呈蓝色，记录消耗碘标准滴定溶液的体积（V_3）。

4. 计算结果

样品中实测挥发酸含量按下式计算。

$$X_1 = \frac{c \times V_1 \times M}{V}$$

式中　X_1——样品中实测挥发酸的含量（以乙酸计），单位为 g/L；
　　　c——氢氧化钠标准滴定溶液的浓度，单位为 mol/L；
　　　V_1——消耗氢氧化钠标准滴定溶液的体积，单位为 mL；
　　　M——乙酸的摩尔质量，单位为 g/mol（M=60g/mol）；
　　　V——吸取样品的体积，单位为 mL。

若挥发酸含量接近或超过理化指标时，则需进行修正，修正时，按下式换算。

$$X = X_1 - \frac{c_2 \times V_2 \times M_1 \times m_1}{V} - \frac{c_2 \times V_3 \times M_1 \times m_2}{V}$$

式中　X——样品中真实挥发酸含量（以乙酸计），单位为 g/L；

　　　X_1——实测挥发酸含量，单位为 g/L；

　　　c_2——碘标准滴定溶液的浓度，单位为 mol/L；

　　　V——吸取样品的体积，单位为 mL；

　　　V_2——测定游离 SO_2 消耗碘标准滴定溶液的体积，单位为 mL；

　　　V_3——测定结合 SO_2 消耗碘标准滴定溶液的体积，单位为 mL；

　　　M_1——SO_2 的摩尔质量，单位为 g/mol（M_1=32g/mol）；

　　　m_1——1g 游离 SO_2 相当于乙酸的质量，单位为 g（m_1=1.875g）；

　　　m_2——1g 结合 SO_2 相当于乙酸的质量，单位为 g（m_2=0.9375g）。

三、注意事项

在重复性条件下获得的 2 次独立测定结果的绝对差值不得超过算术平均值的 5%。

学习评价

学习评价单

序号	评价内容及分值	评价标准	学生自评 10%	小组互评 10%	教师评价 60%	企业评价 20%
1	学习方法 10 分	课前完成必备知识的自学；课中认真观察思考，并主动操作实践；课后归纳反思				
2	学习态度 20 分	工作态度端正，具有吃苦耐劳、诚实守信、认真负责的品质，对知识和技能能够认真学习、钻研				
3	沟通表达 10 分	能够及时与同组成员及指导教师、技术人员沟通交流				
4	合作能力 10 分	团队协作意识强				
5	创新实践 10 分	能够结合实际实训情况进行操作				
6	职业能力 10 分	能够准确进行葡萄酒中挥发酸测定				
7	学习成果 30 分	能准确配制溶剂及指示剂，能准确计算葡萄酒中挥发酸含量				
		合计				

任务五　葡萄酒中游离 SO_2 的测定

任务目标

利用碘可与 SO_2 发生氧化还原反应的性质，测定样品中游离 SO_2 的含量。

任务实施

一、材料和设备

1）硫酸溶液（1+3）。取 1 体积浓硫酸缓慢注入 3 体积水中。

2）碘标准滴定溶液 [c（1/2I）=0.02mol/L]。按 GB/T 601—2016《化学试剂　标准滴定溶液的制备》配制与标定，准确稀释 5 倍。

3）淀粉指示液（10g/L）。按 GB/T 603—2023《化学试剂　试验方法中所用制剂及制品的制备》配制后，再加入 40g 氯化钠。

4）碘量瓶等。

二、操作方法与步骤

吸取 50mL 样品（液温 20℃）于 250mL 碘量瓶中，加入少量碎冰块，再加入 1mL 淀粉指示液、10mL 硫酸溶液，用碘标准滴定溶液迅速滴定至浅蓝色，保持 30s 内不变色即为终点，记下消耗碘标准滴定溶液的体积（V）。

以水代替样品做空白试验，操作同上。

样品中游离 SO_2 的含量按下式计算。

$$X = \frac{c \times (V - V_0) \times M}{V_1} \times 1000$$

式中　X——样品中游离 SO_2 的含量，单位为 mg/L；

　　　c——碘标准滴定溶液的浓度，单位为 mol/L；

　　　V——测定样品消耗的碘标准滴定溶液的体积，单位为 mL；

　　　V_0——空白试验消耗的碘标准滴定溶液的体积，单位为 mL；

　　　M——SO_2 的摩尔质量的数值，单位为 g/mol（M=32g/mol）；

　　　V_1——吸取样品的体积，单位为 mL（V_1=50mL）。

所得结果表示至整数。

三、注意事项

在重复性条件下获得的 2 次独立测定结果的绝对差值不得超过算术平均值的 10%。

学习评价

学习评价单

序号	评价内容及分值	评价标准	学生自评 10%	小组互评 10%	教师评价 60%	企业评价 20%
1	学习方法 10 分	课前完成必备知识的自学；课中认真观察思考，并主动操作实践；课后归纳反思				
2	学习态度 20 分	工作态度端正，具有吃苦耐劳、诚实守信、认真负责的品质，对知识和技能能够认真学习、钻研				
3	沟通表达 10 分	能够及时与同组成员及指导教师、技术人员沟通交流				
4	合作能力 10 分	团队协作意识强				
5	创新实践 10 分	能够结合实际实训情况进行操作				
6	职业能力 10 分	能够准确进行葡萄酒中游离 SO_2 测定				
7	学习成果 30 分	能准确配制溶剂及指示剂，能准确计算葡萄酒中游离 SO_2 含量				
		合计				

任务六　葡萄酒中总 SO_2 的测定

任务目标

在碱性条件下，结合 SO_2 被解离出来，然后再用碘标准滴定溶液滴定，得到样品中结合 SO_2 的含量。

任务实施

一、材料和设备

1）硫酸溶液（1+3）。取 1 体积浓硫酸缓慢注入 3 体积水中。

2）碘标准滴定溶液 $[c(1/2I)=0.02\text{mol/L}]$。按 GB/T 601—2016《化学试剂　标准滴定溶液的制备》配制与标定，准确稀释 5 倍。

3）淀粉指示液（10g/L）。按 GB/T 603—2023《化学试剂　试验方法中所用制剂及制品的制备》配制后，再加入 40g 氯化钠。

4）氢氧化钠溶液（100g/L）。

5）碘量瓶等。

二、操作方法与步骤

1. 分析步骤

吸取 25mL 氢氧化钠溶液置于 250mL 碘量瓶中，再准确吸取 25mL 液温为 20℃的样品，加入碘量瓶中（采用将吸管尖插入氢氧化钠溶液的方法），摇匀，盖塞，静置 15min 后，再加入少量碎冰块、1mL 淀粉指示液、10mL 硫酸溶液，摇匀，用碘标准滴定溶液迅速滴定至浅蓝色，30s 内不变色即为终点，记录碘标准滴定溶液消耗的体积（V）。

以水代替样品做空白试验，操作同上。

2. 结果计算

样品中总 SO_2 的含量按下式计算。

$$X = \frac{c \times (V-V_0) \times M}{V_1} \times 1000$$

式中　X——样品中总 SO_2 的含量，单位为 mg/L；

　　　c——碘标准滴定溶液的浓度，单位为 mol/L；

　　　V——测定样品消耗的碘标准滴定溶液的体积，单位为 mL；

　　　V_0——空白试验消耗的碘标准滴定溶液的体积，单位为 mL；

　　　M——SO_2 的摩尔质量的数值，单位为 g/mol（M=32g/mol）；

　　　V_1——吸取样品的体积，单位为 mL（V_1=25mL）。

所得结果表示至整数。

三、注意事项

在重复性条件下获得的 2 次独立测定结果的绝对差值不得超过算术平均值的 10%。

学习评价

学习评价单

序号	评价内容及分值	评价标准	学生自评 10%	小组互评 10%	教师评价 60%	企业评价 20%
1	学习方法 10分	课前完成必备知识的自学；课中认真观察思考，并主动操作实践；课后归纳反思				
2	学习态度 20分	工作态度端正，具有吃苦耐劳、诚实守信、认真负责的品质，对知识和技能能够认真学习、钻研				

（续）

序号	评价内容及分值	评价标准	学生自评 10%	小组互评 10%	教师评价 60%	企业评价 20%
3	沟通表达 10分	能够及时与同组成员及指导教师、技术人员沟通交流				
4	合作能力 10分	团队协作意识强				
5	创新实践 10分	能够结合实际实训情况进行操作				
6	职业能力 10分	能够准确进行葡萄酒中总SO_2测定				
7	学习成果 30分	能准确配制溶剂及指示剂，能准确计算葡萄酒中总SO_2含量				
	合计					

任务七　葡萄酒中还原糖和总糖的测定

任务目标

利用费林试剂与还原糖共沸生成氧化亚铜（Cu_2O）沉淀的反应，以次甲基蓝为指示液，以样品或经水解后的样品滴定煮沸的费林试剂，达到终点时，稍微过量的还原糖将蓝色的次甲基蓝还原为无色即为终点。根据样品消耗量求得总糖或还原糖的含量。

任务实施

一、材料和设备

1）盐酸溶液（1+1）。取1体积浓盐酸缓慢注入1体积水中。

2）氢氧化钠溶液200g/L。

3）葡萄糖标准溶液2.5g/L。精确称取2.5g（精确至0.0001g）在105~110℃烘箱内烘干3h并在干燥器中冷却的葡萄糖，用水溶解并定容至1000mL。

4）次甲基蓝指示液10g/L。称取1g次甲基蓝，溶解于水中，稀释定容至100mL。

5）费林试剂。

①配制。费林试剂甲：称取34.6g硫酸铜（$CuSO_4·5H_2O$，分析纯）溶于水中，稀释至500mL，过滤，贮藏于棕色瓶内。费林试剂乙：称取50g氢氧化钠和173g酒石酸钾钠

（$NaKC_4H_4O_6 \cdot 4H_2O$，分析纯）溶于水中，稀释至500mL，用石棉垫漏斗抽滤。

②标定预备试验。分别吸取费林试剂甲液、乙液各5mL置于250mL三角瓶中，加50mL水，摇匀，在电炉上加热至沸腾，在沸腾状态下用制备好的葡萄糖标准溶液滴定，当溶液的蓝色将消失呈红色时，加2滴次甲基蓝指示液，继续滴至蓝色消失，记录葡萄糖标准溶液消耗的体积。

③正式试验。分别吸取费林试剂甲液、乙液各5mL置于250mL三角瓶中，加50mL水和比预备试验少1mL的葡萄糖标准溶液，加热至沸腾，并保持2min，加2滴次甲基蓝指示液，在沸腾状态下于1min内用葡萄糖标准溶液滴至终点，记录葡萄糖标准溶液消耗的总体积。

④结果计算。

$$F = \frac{m}{1000} \times V$$

式中 F——费林试剂甲液、乙液各5mL相当于葡萄糖的质量，单位为g；

m——称取葡萄糖的质量，单位为g；

V——消耗葡萄糖标准溶液的总体积，单位为mL。

6）三角瓶、容量瓶、电炉、水浴锅等。

二、操作方法与步骤

1. 试样的处理和制备

（1）测总糖用试样 准确吸取一定量的样品（V_1）于100mL容量瓶中（使总糖含量为0.2~0.4g），加5mL盐酸溶液（1+1），加水至20mL，摇匀。于（68±1）℃水浴上水解15min，取出，冷却。用200g/L氢氧化钠溶液中和至中性，调温至20℃，加水定容至刻度（V_2）。

（2）测还原糖用试样 准确吸取一定量的样品（V_1）于100mL容量瓶中（使还原糖含量为0.2~0.4g），加水定容至刻度（V_2）。

2. 测定

以试样代替葡萄糖标准溶液，记录试样消耗的体积（V_3）。

3. 结果计算

$$X_1 = \frac{F}{\frac{V_1}{V_2} \times V_3} \times 1000$$

$$X_2 = \frac{F - G \times V}{\frac{V_1}{V_2} \times V_3} \times 1000$$

式中　X_1——其他葡萄酒总糖或还原糖的含量，单位为 g/L；
　　　X_2——干葡萄酒、半干葡萄酒总糖或还原糖的含量，单位为 g/L；
　　　F——费林试剂甲液、乙液各 5mL 相当于葡萄糖的质量，单位为 g；
　　　V_1——吸取的样品体积，单位为 mL；
　　　V_2——样品稀释后或水解定容的体积，单位为 mL；
　　　V_3——消耗试样的体积，单位为 mL；
　　　G——葡萄糖标准溶液的准确浓度，单位为 g/mL；
　　　V——消耗葡萄糖标准溶液的体积，单位为 mL。

所得结果应表示至 1 位小数。

三、注意事项

1）在重复性条件下获得的 2 次独立测定结果的绝对差值不得超过算术平均值的 2%。

2）煮沸后的溶液显红色不显蓝色，则表示糖的含量高，可减少取样体积。

3）在洗涤氧化亚铜的整个过程中，应使沉淀上层保持一层水层，以隔绝空气，避免氧化亚铜被空气中的 O_2 氧化。

学习评价

学习评价单

序号	评价内容及分值	评价标准	学生自评 10%	小组互评 10%	教师评价 60%	企业评价 20%
1	学习方法 10分	课前完成必备知识的自学；课中认真观察思考，并主动操作实践；课后归纳反思				
2	学习态度 20分	工作态度端正，具有吃苦耐劳、诚实守信、认真负责的品质，对知识和技能能够认真学习、钻研				
3	沟通表达 10分	能够及时与同组成员及指导教师、技术人员沟通交流				
4	合作能力 10分	团队协作意识强				
5	创新实践 10分	能够结合实际实训情况进行操作				
6	职业能力 10分	能够准确进行葡萄酒中还原糖、总糖的测定				

（续）

序号	评价内容及分值	评价标准	学生自评 10%	小组互评 10%	教师评价 60%	企业评价 20%
7	学习成果 30分	能准确配制溶剂及指示剂，能准确计算葡萄酒中还原糖、总糖含量				
		合计				

任务八　葡萄酒中干浸出物的测定

◆ 任务目标

用密度瓶法测定样品或蒸出酒精后的样品的密度，然后用其密度值查表（GB/T 15038—2006《葡萄酒、果酒通用分析方法》附录C：密度-总浸出物含量对照表），求得总浸出物的含量，再从中减去总糖的含量，即得干浸出物的含量。

◆ 任务实施

一、材料和设备

1）200mL 瓷蒸发皿。

2）恒温水浴，精度为 ±0.1℃。

3）25mL 或 50mL 附温度计密度瓶。

二、操作方法与步骤

（1）试样的制备　将液温为20℃的样品（精度为 ±0.1℃）倒入200mL 瓷蒸发皿中，于水浴上蒸发至约为原体积的1/3 取下，冷却后，将残液小心地移入原容量瓶中，用水多次荡洗瓷蒸发皿，洗液并入容量瓶中，于20℃定容至刻度。

（2）测定与结果　直接吸取未经处理的样品，计算出该样品20℃时的密度 ρ_B。按下式计算出脱醇样品20℃时的密度 ρ_2。以 ρ_2 查表，得出总浸出物含量（g/L）。

$$\rho_2 = 1.00180(\rho_B - \rho) + 1000$$

式中　ρ_2——脱醇样品20℃时的密度，单位为 g/L；

　　　ρ_B——含醇样品20℃时的密度，单位为 g/L；

　　　ρ——与含醇样品含有同样酒精度的酒精水溶液在20℃时的密度，单位为 g/L；

　　　1.00180——20℃时密度瓶体积的修正系数。

所得结果表示至 1 位小数。

三、注意事项

在重复性条件下获得的 2 次独立测定结果的绝对值不得超过算术平均值的 2%。

学习评价

学习评价单

序号	评价内容及分值	评价标准	学生自评 10%	小组互评 10%	教师评价 60%	企业评价 20%
1	学习方法 10分	课前完成必备知识的自学；课中认真观察思考，并主动操作实践；课后归纳反思				
2	学习态度 20分	工作态度端正，具有吃苦耐劳、诚实守信、认真负责的品质，对知识和技能能够认真学习、钻研				
3	沟通表达 10分	能够及时与同组成员及指导教师、技术人员沟通交流				
4	合作能力 10分	团队协作意识强				
5	创新实践 10分	能够结合实际实训情况进行操作				
6	职业能力 10分	能够准确进行葡萄酒中干浸出物的测定				
7	学习成果 30分	能准确配制溶剂及指示剂，能准确计算葡萄酒中干浸出物含量				
		合计				

项目十一 其他果酒生产

项目导学
- 新疆巴州地区盛产苹果、红枣、香梨等水果，品质优良的特色水果为本地区特色果酒生产企业提供了优质的生产原料。地域特色果酒丰富了酒类产品的市场，满足了消费者对个性化和特色产品的需求。

项目目标
- 知识学习目标：了解苹果酒、枣酒、梨酒的生产工艺流程及技术要点。
- 技能培养目标：能够根据生产工艺选择合适的方法处理出现的问题。
- 职业情感目标：培养学生对苹果酒、枣酒、梨酒生产的兴趣，激发创新意识，延伸果酒创新之路。

相关知识

一、苹果酒生产

苹果品质优良、风味好，甜酸适口，营养价值比较高。苹果酒是以新鲜苹果为原料酿造的一种饮料酒。酿造苹果酒的果实一般要求成熟，无霉烂，以国光苹果和青香蕉苹果等品种为佳。

苹果含糖量一般为5%~8%，主要为葡萄糖、果糖和蔗糖。苹果中的总酸含量一般为0.4%左右，主要是苹果酸，其次是柠檬酸，总酸随果实的成熟而减少。苹果中还含有一定量的氨基酸、无机盐和维生素。苹果的含水量为84%左右。早熟品种适宜生食不宜酿酒，而中晚熟品种既可生食又可酿酒。

（一）工艺流程

苹果酒的生产工艺与葡萄酒相似。苹果酒生产工艺流程见图11-1。

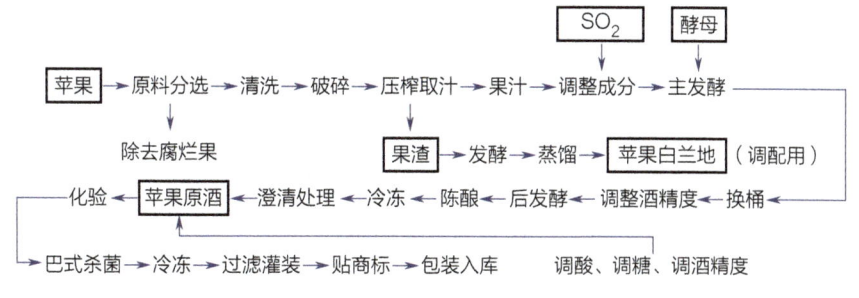

图11-1 苹果酒生产工艺流程

（二）生产技术要点

1. 原料分选

要选择香气浓、肉质紧密、成熟度高、含糖量高的苹果，其中成熟度应达 80%~90%，甚至 90% 以上。摘除果柄，拣出有干疤和受伤的果实，清除叶子与杂草。因为干疤会给酒带来苦味，受伤果和腐烂果易引起杂菌感染，影响发酵的正常进行。

苹果的大小对苹果酒的质量有一定的影响，苹果靠近果皮的部分的果肉含汁比靠近果核部分的多，苹果的香气多集中在果皮上，而小果实的比表面积大于大果实的比表面积，因此，小果实不仅出汁多、出酒多，而且果香芬芳。

2. 清洗

使用清水将苹果冲洗干净，沥干。洗涤过程中可用木桨搅拌。

3. 破碎

使用破碎机将苹果破碎成直径为 0.2cm 左右的碎块，但不可将果核压碎，否则果酒会产生苦味。小规模生产或家庭自制苹果酒可采用手工捣碎；大规模生产应选用不锈钢制成的破碎机破碎，或者选用轧辊为花岗岩或木制的破碎机，严禁使用铁轧辊。破碎时要求尽可能破碎完全，以提高出汁率。

4. 压榨取汁

将破碎后的果实立即送入压榨机压榨取汁。小规模生产或家庭自制苹果酒也可采用布袋压榨。压榨前加 20%~30%（体积分数）水，加热至 70℃保温 20min，趁热压榨。在榨取的果汁中加入 0.3% 果胶酶，在 45℃下保温 5~6h，再进行果汁澄清；澄清后的果汁过滤、去除沉渣。压榨后的果渣可经过发酵和蒸馏生产蒸馏果酒（苹果白兰地），用来调整酒精度。

5. 添加防腐剂

为了确保苹果酒发酵的顺利进行，压榨后的果汁必须添加防腐剂，以抑制杂菌生长。一般是加入 SO_2，使浓度达到 75mg/kg（60~100mg/kg）即可。也可每 100kg 果汁中添加 9g 偏重亚硫酸钾。

6. 主发酵

压榨后的果汁先放在阴凉处静置 24h。待固形物沉淀后，再将果汁移入清洁的发酵桶或缸内，装量为容器容积的 4/5，可采用"天然发酵"和"人工发酵"两种方法。"天然发酵"是利用苹果汁中自带的酵母发酵。"人工发酵"需添加 3%~5% 的酵母，摇匀。发酵温度控制在 20~28℃，发酵期为 3~12d。如果采用 16~20℃低温发酵，有利于防止氧化，产品口味柔和纯正，果香浓，酒香协调，发酵时间为 15~20d。发酵时间长短主要根据当时发酵的状况而定，如温度高，酵母生长和发酵活力强，发酵时间就短。发酵后期酒液应呈浅黄绿色，残糖在 0.5° Bx 以下，表明主发酵结束。

7. 换桶

用虹吸法将果酒移至另一个干净的桶中（酒脚与发酵果渣一起蒸馏生产蒸馏果酒）。

8. 调整酒精度

主发酵后的苹果酒一般酒精度为3%vol~9%vol。应添加蒸馏果酒或食用酒精提高酒精度至14%。

9. 后发酵

将酒桶密闭后移入酒窖。在15~28℃下进行1个月左右的后发酵。后发酵结束后要添加食用酒精使酒精度提高到16%~18%，同时添加SO_2，使新酒中含硫量达到0.01%。经换桶后再进行1~2年的陈酿。

10. 陈酿

陈酿是将酒长期密封贮藏，使酒质澄清，风味醇厚。

发酵液由酒泵打入洗净杀菌的贮藏容器后，装满密封，以避免氧化。贮藏温度不要超过20℃。陈酿期间要换几次桶，一般新酒每年换桶3次，第1次是在当年的12月，第2次是在第2年的4~5月，第3次是在第2年的9~10月。陈酒每年换桶1次。

陈酿结束后，应采用人工（或天然）冷冻的方法进行处理，使酒在-10℃左右存放7d，然后立即过滤，以提高透明度和稳定性。

11. 调配

成熟的苹果酒在灌装前要进行酸度、糖度和酒精度的调配，使酸度、糖度和酒精度均达到成品酒的要求。

12. 灌装

过滤后，苹果酒清澈透明，带有苹果特有的香气和发酵酒香，色泽为浅黄绿色。此时就可以灌装。如果酒精度为16%以上，则不需灭菌。如果低于16%，必须灭菌。灭菌方法同葡萄酒。

（三）苹果酒的香气

苹果酒的香气十分复杂，有几十甚至上百种物质参与苹果酒香气的构成。这些物质不仅气味各异，而且它们之间还通过累加、协同、分离及抑制相互作用，从而使苹果酒香气千变万化、多种多样。它们一部分来源于原料苹果中固有的挥发性香气物质，一部分是苹果酒在发酵过程中酵母的代谢活动产生的。

1. 苹果原料中的固有香气

苹果酒的香气主要体现为"芳香和苹果香"。典型的苹果香由300多种挥发性物质共同形成，包括酯类、醇类、醛类等，其中最主要的是酯类（占78%~92%）和高级醇类（占6%~16%）。高级醇类化合物是发酵过程中形成的除酒精（乙醇）外最重要的成分。

不同品种苹果汁中主要挥发性香气成分含量见表11-1。因苹果品种的不同，其酯类、醇类、醛类的含量及其相对比例均有较大差异；此外，挥发性物质的含量还受产地、收获时果实的成熟度、果实生理和生物损伤程度的影响。但苹果酒中由原料产生的挥发性物质含量甚微，这是苹果酒与其他饮料酒的不同之处。

表 11-1　不同品种苹果汁中主要挥发性香气成分含量　（单位：mg/L）

组分	富士	金冠	史密斯	红元帅	皇家嘎拉	华丽
酒精	89.16	未检出	101.94	12.90	268.62	5.22
正丙醇	1.68	3.66	未检出	1.14	3.96	2.04
正丁醇	72.15	104.12	3.18	23.98	188.40	49.58
正戊醇	1.32	0.88	未检出	未检出	1.50	1.41
己醇	13.26	5.00	3.16	1.43	18.36	9.59
2-甲基丁醇和 3-甲基丁醇	24.0	4.8	5.1	2.8	5.2	11.1
乙酸乙酯	0.088	0.088	0.088	0.088	0.088	0.088
乙酸丙酯	未检出	2.04	未检出	1.63	4.90	未检出
乙酸丁酯	10.79	52.43	未检出	9.63	46.86	8.58
乙酸戊酯	未检出	0.91	未检出	未检出	0.26	未检出
乙酸己酯	3.31	10.66	1.58	3.31	14.54	2.88
乙酸 2-甲基丁酯	9.49	4.29	未检出	3.64	4.16	4.16
丙酸乙酯	0.41	0.41	0.71	未检出	未检出	0.31
丁酸乙酯	1.10	1.21	1.43	0.33	未检出	1.43
戊酸乙酯	1.69	1.95	1.95	1.69	0.78	1.69
己酸乙酯	未检出	未检出	未检出	未检出	未检出	未检出
丁酸 2-甲基乙酯	未检出	未检出	未检出	未检出	未检出	未检出
乙醛	未检出	未检出	未检出	未检出	2.20	未检出
己醛	2.90	9.20	4.10	未检出	7.20	1.90
反式 -1- 己烯醛	15.29	16.27	27.73	12.15	11.17	19.60

2. 发酵过程中产香

（1）发酵过程中产生的香气物质　在苹果酒的发酵过程中，酵母利用苹果汁中的糖类，在生成酒精和 CO_2 的同时，还产生很多影响苹果酒感官质量、构成苹果酒发酵香气的副产物。苹果酒中的主要醇类、酯类和原料苹果汁中的相应成分比较见表 11-2。

表 11-2　苹果酒中的主要醇类、酯类和原料苹果汁中的相应成分比较　（单位：μg/L）

组分	苹果酒	苹果汁
3-甲基丁酸己酯	48	未检出
辛酸乙酯	790	未检出

（续）

组分	苹果酒	苹果汁
癸酸乙酯	990	未检出
乳酸乙酯	10820	未检出
琥珀酸二乙酯	760	未检出
乙酸苯乙酯	50	12
丁酸苯乙酯	8	未检出
己酸乙酯	356	未检出
辛酸异戊酯	52	5
异丁醇	1830	4
异戊醇	86890	425
苯乙醇	36040	19

（2）影响香气物质生成量的因素　在苹果酒发酵过程中，影响香气物质生成量的因素主要有发酵原料、酵母菌种和发酵条件这3种因素。

1）发酵原料的影响。发酵过程中产生的香气取决于苹果的含糖量。含糖量越高，发酵过程中产生的香气越浓。此外，苹果原料中氮源的种类会影响发酵过程中产生的香气的构成，如果氨态氮含量过高，酵母就会较少地利用有机氮，生成的高级醇量也少；氨基酸的种类也会影响异戊醇或苯乙醇的比例。维生素有利于酵母合成自身需要的酶，也有利于香气物质的形成。

2）酵母菌种的影响。在酵母产香方面，同一酵母属的不同种酿酒酵母所产生的挥发性物质有较大差别；不同属酵母所产生的挥发性物质的差异则更大，对苹果酒的风味产生较大影响。不同属酵母在发酵过程中的主要区别是降糖速率的不同。在同一糖度下，各种酵母所产生挥发性物质的浓度虽有不同，但其果香、酒香、尖酸辛辣的感官评定分值彼此却很接近，说明不同酵母菌种对苹果酒风味影响很小。天然酵母与人工酵母发酵生产的苹果酒的香气也是有区别的。传统的英国苹果酒采用混菌发酵，使酒呈甜苹果味；而20世纪60年代后的英国苹果酒主要采用人工酵母发酵，使得酒风味纯净新鲜，类似浅白葡萄酒。

3）发酵条件的影响。发酵前的SO_2处理、澄清处理、低温发酵及较低的pH可以降低高级醇的生产量。pH对苹果酒的香气影响较大，pH为3.0~3.5，使苹果酒的高级醇和酯类含量更低，香气更纯净，果香更浓。SO_2的加入量对苹果酒的香气也有重要影响。当存在过量的SO_2（游离SO_2大于30mg/L）时，一些酵母会产生大量的双乙酰，对苹果酒产生不利影响，压榨后立即加入SO_2比压榨后12~14h加入SO_2所生产的苹果酒香气纯净、较淡。较低的发酵温度可以降低高级醇的生成量，英国苹果酒酿造者认为，22~25℃最有利于香气的产生；而法国和德国的酿酒师则认为，15~18℃长时间发酵最有利，这可能是口味的不同。另外，混浊汁生产的苹果酒香气浓郁，含更多的挥发性物质，有典型的"苹果酒特征"；澄清汁生产的苹果酒香气弱，呈中性特征。

3. 苹果酸－乳酸发酵过程中产香

苹果酒含大量的苹果酸，在其老熟过程中，苹果酸－乳酸发酵是很有必要的，它会降低苹果酒的酸度，同时还能丰富酒的芳香，对苹果酒口感特征的不利影响非常低，在苹果酸－乳酸发酵中，植物性香味减少，使水果风味更好地展现出来。酒用明串珠球菌具有 β－葡萄糖苷和 β－半乳糖苷酶活性，这两种酶在苹果酸－乳酸发酵过程中可以分解香味前体物质，释放出具有果香风味的萜烯化合物。乳酸菌还会产生强烈的像奶油、坚果、橡木等的香味物质。这些香气能很好地与苹果酒中的水果风味融合，增加酒的香气复杂性。这些风味之一的奶油香气是通过乳酸菌产生的双乙酰表现出来的。在苹果酸－乳酸发酵早期或中期，乳酸菌能产生双乙酰，同时也具有把双乙酰还原成乙偶姻（3-羟基-2-丁酮）的能力。适量的双乙酰可提高酒的品质，但过量的双乙酰会给酒带来不良味道。在橡木桶中进行的苹果酸－乳酸发酵，使得乳酸味与橡木香味很好地融合在一起，但过于明显的乳酸味往往不被接受。

由于细菌的活动，乳酸乙酯伴随苹果酸的降解而大量合成，并且乙酸乙酯的含量也大大提高。在不锈钢罐中发酵的酒乳酸乙酯提高25%，在橡木桶中的含量也平均提高了20%~25%，而没有经历苹果酸－乳酸发酵的苹果酒，在成熟过程中仅提高了10%。

苹果酸－乳酸发酵后酒风味的不同是不同乳酸菌作用的结果，酒用明串珠球菌一般会产生所希望的风味变化。在橡木桶中的苹果酸－乳酸发酵产生的香味特性与不锈钢罐中的苹果酸－乳酸发酵所产生的香味不同。

（四）苹果酒的感官要求和理化指标

1. 苹果酒的感官要求

苹果酒的感官要求见表11-3。

表11-3 苹果酒的感官要求

外观	色泽	浅黄色
	清/混	清澈透明、无悬浮物、无沉淀物
风味	香气	具有苹果的酒香和清新的酒香
	滋味	醇和清香，柔细清爽，酸甜适中
	风格	具有苹果酒的典型风格

2. 苹果酒的理化指标

苹果酒（甜酒）的主要理化指标见表11-4。

表 11-4　苹果酒（甜酒）的主要理化指标

项目	指标
酒精度（20℃，体积分数）	12%vol~13%vol
糖度	9~10g/100mL
总酸	0.6~0.8g/100mL
挥发酸	≤ 0.12g/100mL

二、枣酒生产

枣是一种药用和营养价值极高的果品，品种繁多（有700多个品种）。其中，量多质优、应用价值较高的有20多种。例如，沧州金丝小枣，含糖量高达76%~88%，含酸量为0.2%~1.6%，每100g含维生素C 384.5~397mg，比苹果、梨、葡萄、桃、柑橘、柠檬等水果的维生素C含量均高。枣的主要营养成分和枣蛋白质的氨基酸组成见表11-5和表11-6。

表 11-5　枣的主要营养成分

成分	含量		成分	含量	
	鲜枣	干枣		鲜枣	干枣
水分（%）	73.4	19	钙 /（mg/100g）	14	61
蛋白质（%）	1.2	3.3	磷 /（mg/100g）	23	55
脂肪（%）	0.2	0.4	铁 /（mg/100g）	0.5	1.6
糖类（%）	23.2	72.8	维生素 B_1/（mg/100g）	0.06	0.06
粗纤维（%）	1.6	3.1	维生素 B_2/（mg/100g）	0.04	0.15
灰分（%）	—	1.4	维生素 C/（mg/100g）	380~600	12
环腺苷酸 /（mg/100g）	50	—	维生素 A/（mg/100g）	0.01	0.01

表 11-6　枣蛋白质的氨基酸组成　　　　　　　　　　（单位：mg/100g）

名称	缬氨酸	亮氨酸	苏氨酸	苯丙氨酸	色氨酸	蛋氨酸	赖氨酸
干枣	111	53	71	71	20	23	38

枣酒中氨基酸含量高，矿物质丰富，微量元素锌、碘含量较高，维生素含量高，是一种滋补健身的天然饮料。枣酒呈琥珀色，清亮透明，果香与酒香协调，有枣的浓香气，枣味浓厚、酸甜适口。枣酒生产工艺流程见图11-2。

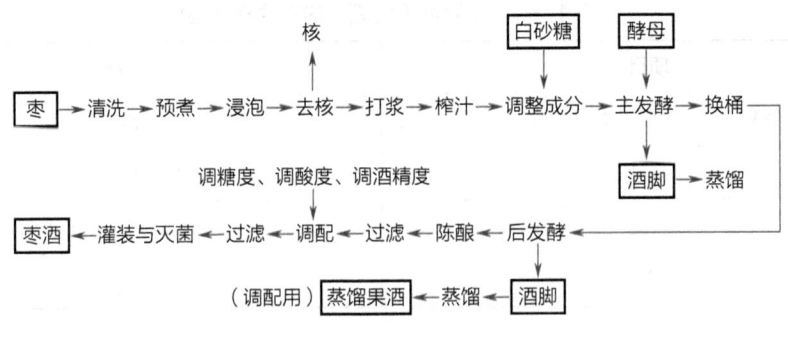

图 11-2 枣酒生产工艺流程

1. 原料的选择与处理

一般选用无病虫害的残次枣制酒，但必须清除霉烂果、杂质。用流动的清水将果实在洗果机内清洗干净，置于夹层锅中，加入其干重 3~5 倍的水，在 2MPa 的压力下加热至沸腾，在 90℃左右下维持 30min，停止加热，使其自然降温至 60℃左右，于不锈钢提取罐中浸泡 5~6h，使果实充分吸水，以利于破碎。将浸泡过的果实用石磨压碎或用破碎机破碎成浆。经榨汁、过滤等得到澄清果汁。

2. 调整成分

将澄清果汁适当稀释，按发酵要求的酒精度，添加适量的白砂糖。

3. 主发酵

在果汁中添加 5%~10% 的人工培养纯种酵母液（或采用果酒活性干酵母），保持 16~20℃发酵 5~6d 后，进行换桶，转入后发酵。

4. 换桶

用虹吸法将果酒移至另一个干净桶中（酒脚与发酵果渣一起蒸馏，生产蒸馏果酒）。

5. 调配

主发酵后的枣酒一般酒精度为 3%~9%。应添加蒸馏果酒或食用酒精，提高酒精度。

6. 后发酵

15~20℃保温，时间为 30~50d，分离酒脚。酒脚集中后经蒸馏得蒸馏果酒，用来调酒精度。

7. 陈酿及后处理（过滤、调配、过滤）

经后发酵的新酒，必须陈酿 1~2 年，然后进行第 1 次过滤，并进行糖度、酸度和酒精度的调配，以满足人们的口味要求。

8. 灌装与灭菌

澄清后的枣酒用果酒灌装机灌装并密封，然后送入加压连续式灭菌机进行灭菌并冷却，最终得到成品枣酒。

三、梨酒生产

库尔勒香梨简称香梨,原产于我国库尔勒地区,品质优良、风味好,芳香清雅,营养丰富,具有消痰止咳的功效,备受国内外消费者的青睐。可用香梨酿造梨酒,梨酒是以新鲜梨为原料酿造的一种饮料酒。由于梨酒在贮藏和陈酿过程中容易产生褐变,且酒体特征风味不突出等问题,所以在梨酒加工的过程中要特别注意褐变问题。

(一)工艺流程

梨酒的生产工艺流程见图11-3。

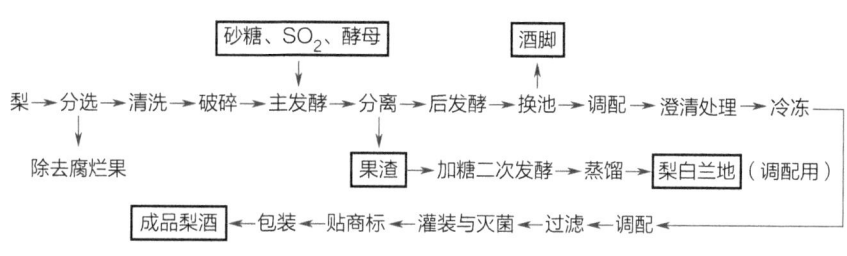

图11-3 梨酒的生产工艺流程

(二)生产技术要点

1. 分选

选择成熟度高、无腐烂、无虫蛀、无杂物、出汁率为60%以上的梨。

2. 清洗

使用清水将梨冲洗干净,沥干。洗涤过程中可用木桨搅拌。

3. 破碎

将挑选清洗后的梨除梗、去核,用破碎机打成直径为1~2cm的均匀小块入池发酵。入池量不应超过池容积的80%,以利于发酵及搅动,每个池一次装足,不得装半池久放,以免杂菌污染。

4. 主发酵

入池过程中应按发酵酒精度的需要补加白砂糖。分3次均匀地加入偏重亚硫酸钠进行杀菌,偏重亚硫酸钠的用量一般小于14g/kg,并添加5%~10%人工培养酵母进行发酵。主发酵温度一般为20~25℃,发酵时间为7~10d;低温发酵为16~20℃,发酵时间为35~40d。

5. 分离

主发酵结束时,梨渣沉入池底,将清汁抽出至另一个经清洗杀菌的池中进行后发酵。梨渣和酒脚加糖进行二次发酵,然后蒸馏成梨白兰地,供调配梨酒成分时使用。

6. 后发酵

后发酵温度为15~22℃,时间为3~5d,后发酵中,要尽量减少酒液与空气的接触面,避免杂菌污染。

7. 换池

后发酵结束时，立即换池。分离酒脚，同时用梨白兰地或精制酒精调整酒精度，使酒精度为 16%~18%，贮藏 1 年以上（期间定期换桶）。

8. 澄清处理

在酒中加入明胶或 0.3% 果胶酶进行澄清处理，一般要静置 7~10d，然后进行过滤。

9. 冷冻

过滤澄清的原酒，降温至 −4℃冷冻 5d，迅速再次过滤灌装。

10. 调配

成熟的梨酒在灌装之前要进行酸度、糖度和酒精度的调配，使酸度、糖度和酒精度均达到成品的要求。

11. 灌装与灭菌

经过滤，梨酒应清亮透明，带有梨特有的香气和发酵酒香，色泽为浅黄绿色。此时就可以灌装。如果酒精度为 16% 以上，不需灭菌；如果酒精度低于 16%，则必须灭菌。灭菌方法同葡萄酒。

（三）酿造梨酒中存在的问题

1. 氧化褐变

梨中含有大量的单宁物质，单宁中的儿茶酚在多酚氧化酶的作用下，与空气中的氧作用生成醌类化合物，并经聚合最终生成黑色素。

另外，梨中丰富的氨基酸，在与酒中的羰基化合物（如葡萄糖、2-己烯类的不饱和醛）共存时，会发生复杂的美拉德反应，最终生成类黑素。其褐变的速度与氨基酸的含量及羰基化合物的类型有关。

此外，如果预处理不当，打浆时带入果皮和果核，也极易导致酒体在陈酿中发生褐变。金属离子也会促进果汁的氧化褐变。梨汁中的氨基酸可与铜离子形成化合物，使氧化褐变加剧，形成稳定的深色配位化合物；延长加热杀菌的时间，同样会增加黑蛋白素的含量，使梨酒的色泽加深。

防止氧化褐变的措施：①采用添加澄清剂或使果胶甲基化的方法，降低单宁和果胶的含量；②采用 0.1% 氯化钠溶液浸渍，或加入抗氧化剂（0.3% 维生素 C）或采用高温瞬间灭菌法，抑制酶的活性，防止果酒的褐变。

2. 风味不足

梨酒的风味成分十分丰富，主要有醇类、酯类、有机酸、羰基化合物等。这些风味物质一是来自原料本身；二是由酵母发酵形成的。

（1）造成梨酒风味不足的主要原因

1）原料本身风味淡雅，含香气成分虽多，但含量较少，且在加工过程中易挥发而散失。

2）原料含糖少。

3）没有适宜梨酒酿造的产香酵母。

（2）解决梨酒风味不足最常用的方法

1）在勾兑过程中加入各种果味香精。经过此法勾兑的梨酒，虽然风味得到了很大的改善，但缺乏陈酿果酒应有的醇香，酒体的后味不足。

2）采用酶法催化风味物质的前体物质，并催化风味物质形成的酶系。

3）采用带皮发酵法。

4）筛选适宜梨酒酿造的产香酵母。

学习评价

学习评价单

序号	评价内容及分值	评价标准	学生自评 10%	小组互评 10%	教师评价 60%	企业评价 20%
1	学习方法 10分	课前完成必备知识的自学；课中认真观察思考，并主动操作实践；课后归纳反思				
2	学习态度 20分	工作态度端正，具有吃苦耐劳、诚实守信、认真负责的品质，对知识和技能能够认真学习、钻研				
3	沟通表达 10分	能够及时与同组成员及指导教师、技术人员沟通交流				
4	合作能力 10分	团队协作意识强				
5	创新实践 10分	能够结合实际实训情况进行操作				
6	职业能力 10分	掌握苹果酒、枣酒、梨酒的生产工艺流程				
7	学习成果 30分	能够根据苹果酒、枣酒、梨酒的生产工艺流程进行酿制，根据生产工艺选择合适的方法处理出现的问题				
	合计					

参考文献

[1] 曾洁，李颖畅. 果酒生产技术 [M]. 北京：中国轻工业出版社，2011.

[2] 杨天英，赵金海. 果酒生产技术 [M]. 北京：科学出版社，2009.

[3] 李华，王华，袁春龙，等. 葡萄酒工艺学 [M]. 2版. 北京：科学出版社，2023.

[4] 李华. 葡萄酒品尝学 [M]. 2版. 北京：科学出版社，2022.

[5] 高年发. 葡萄酒生产技术 [M]. 2版. 北京：化学工业出版社，2012.

[6] 董全. 果蔬加工工艺学 [M]. 重庆：西南师范大学出版社，2007.

[7] 顾国贤. 酿造酒工艺学 [M]. 2版. 北京：中国轻工业出版社，1996.

[8] 李华. 现代葡萄酒工艺学 [M]. 2版. 西安：陕西人民出版社，2000.

[9] 王恭堂. 白兰地工艺学 [M]. 北京：中国轻工业出版社，2002.

[10] 葛亮，李芳. 葡萄酒酿造与检测技术 [M]. 北京：化学工业出版社，2013.

[11] 杜金华，金玉红. 果酒生产技术 [M]. 北京：化学工业出版社，2010.

[12] 朱宝镛. 葡萄酒工业手册 [M]. 北京：中国轻工业出版社，1995.

[13] 彭德华. 葡萄酒酿造技术文集 [M]. 北京：中国轻工业出版社，2005.

[14] 王树生. 葡萄酒生产350问 [M]. 北京：化学工业出版社，2009.

[15] 全国食品工业标准化技术委员会酿酒分技术委员会. 葡萄酒、果酒通用分析方法：GB/T 15038—2006 [S]. 北京：中国标准出版社，2008.